青藏高原湖泊演化及生态环境效应研究

李　兰　赵书芳　著

黄河水利出版社
·郑　州·

内 容 提 要

本书重点解决了以下几方面的问题：一是基于 RS 和 GIS 技术，提取了 20 世纪 80 年代至 2020 年青藏高原的湖泊数据，依照不同成因，将湖泊分为构造湖、冰川湖、热喀斯特湖、堰塞湖、河成湖和人工湖；二是分析了近 40 年青藏高原在整体变暖、大部分区域降水波动增加的过程中青藏高原湖泊变化显著的主要原因，重点研究了 20 世纪 80 年代至 2020 年青藏高原构造湖、热喀斯特湖和冰川湖的数量、面积和空间变化，分析了湖泊动态变化的驱动力；三是选取多年冻土区热喀斯特湖点密度、冻土稳定性类型、年均降水量、地表温度、土壤水分、积雪面积、NDVI 和坡度等评价指标，结合前人研究成果及专家评判确定指标权重，采用综合评判法获得了青藏高原多年冻土区热喀斯特湖易发程度区划图；四是青藏高原湖泊作为一种资源，兼具了水源涵养、生物多样性维持和区域生态保障等重要生态服务功能，通过科学认识其演化过程，分析溃湖等不良现象的发生对区域重大工程、生态环境存在着潜在或直接的危害；五是采用 NDVI、湖泊生态系统服务价值和冰川湖溃决灾害 3 类指标对青藏高原湖泊生态环境效应进行了评价。

本书可为从事全球变化下湖泊生态系统演变研究、湖泊生态资源的合理开发和管理的工作人员提供借鉴和参考，为相关区域规划、工程建设、环境保护、防灾减灾等方面的研究提供基础性支撑。

图书在版编目(CIP)数据

青藏高原湖泊演化及生态环境效应研究 / 李兰，赵书芳著. -- 郑州 : 黄河水利出版社，2024. 8. -- ISBN 978-7-5509-3951-6

Ⅰ. X524

中国国家版本馆 CIP 数据核字第 2024NU1833 号

组稿编辑　王志宽　电话：0371-66024331　E-mail：278773941@qq.com

责任编辑　郭　琼　　责任校对　鲁　宁
封面设计　黄瑞宁　　责任监制　常红昕
出版发行　黄河水利出版社
地址：河南省郑州市顺河路 49 号　邮政编码：450003
网址：www.yrcp.com　E-mail：hhslcbs@126.com
发行部电话：0371-66020550
承印单位　河南新华印刷集团有限公司
开　　本　787 mm×1 092 mm　1/16
印　　张　10
字　　数　238 千字
版次印次　2024 年 8 月第 1 版　　2024 年 8 月第 1 次印刷

定　　价　78.00 元

前　言

雪山绵延、冰川纵横、湖泊密布，众多大江大河的源地滋养着流域内众多人口，独特且复杂的自然地理环境为青藏高原储存水资源奠定了良好的基础，青藏高原是名实相符的"亚洲水塔"。青藏高原湖泊是"亚洲水塔"水资源的重要载体，在高原环境下，其收支主要受冰川、冻土中地下冰等固体水资源及地表水、地下水汇集和蒸散发的影响，湖泊面积、数量的改变也在一定程度上反映了区域气候的变化。在近几十年气候显著变化的背景下，青藏高原湖泊演化、江河源径流变化等对区域生态环境影响很大，亟须开展青藏高原湖泊演化趋势及其生态环境效应研究。

近40年青藏高原在整体变暖、大部分区域降水波动增加的过程中，青藏高原湖泊变化显著。湖泊数量由20世纪80年代的70 005个持续增长至2020年的143 582个；湖泊面积整体呈减少(20世纪80年代至1990年)—加速增长(1990—2020年)的趋势，由20世纪80年代的41 347.84 km^2降低至1990年的40 441.4 km^2，后增长至2020年的54 634.44 km^2。20世纪80年代至1990年湖泊面积减少的原因是大部分区域气温降低，降雨减少；1990—2020年湖泊面积渐增主要是因为气温显著升高、降水量增多和冰川融水增多。构造湖在20世纪80年代至1990年面积减少，1990—2020年面积持续扩张，总面积增加了11 388.13 km^2；数量由1 089个增加至1 451个；其空间分布方面，构造湖变化主要发生在内陆流域，结合区域年降水量和年均气温，发现内陆流域气温升高和降水显著增加，是构造湖数量、面积增加的直接原因。冰川湖形成于冰川作用过程，补给源主要为大气降水和冰川融水，20世纪80年代至2020年间冰川湖的个数由8 002个增加至20 329个，湖泊面积由900.1 km^2增长至1 620.5 km^2；空间变化主要发生在唐古拉山、喜马拉雅山、西昆仑山以及青藏高原的南缘区域。

热喀斯特湖是多年冻土退化过程中的典型地貌单元，也是青藏高原整个区域中湖泊演化过程中数量和面积发生变化最为显著的类型。20世纪80年代至2020年热喀斯特湖个数由60 834个增加至120 374个，面积由932.5 km^2增长至1 713.57 km^2。空间上主要集中在可可西里地区和北麓河区域，区域内地势平坦，显著的气候变暖导致了多年冻土区发生了广泛的退化乃至融化，地下冰融水加上降水量增加，使得青藏高原多年冻土区内热喀斯特湖数量成倍增加。为此，本书主要通过选取多年冻土区热喀斯特湖点密度、冻土稳定性类型、年均降水量、地表温度、土壤水分、积雪面积、NDVI和坡度等评价指标，结合前人研究成果及专家评判确定指标权重，采用综合评判法获得了青藏高原多年冻土区热喀斯特湖易发程度区划图。其中，高易发区占19.02%，主要分布在青藏高原中部(包括可可西里地区)。

青藏高原湖泊作为一种资源，兼具了水源涵养、生物多样性维持和区域生态保障等重要生态服务功能。其中，热喀斯特湖和冰川湖经常被视为不良地质现象，其演化过程，尤其是溃湖的发生对区域重大工程、生态环境存在着潜在或直接的危害。本书采用NDVI、湖泊生态系统服务价值和冰川湖溃决灾害3类指标对青藏高原湖泊生态环境效应进行评价。整体上青藏高原NDVI呈增加趋势,本书以2000—2019年NDVI差值作为评判植被退化和改善的指标,显示植被改善区占37.58%;湖泊作为独立的生态系统,随着湖泊面积的增加,青藏高原湖泊生态系统服务价值也呈增加趋势;气温的升高和冰川的广泛退化造成冰川湖溃决日益增加,危害较大。

“第二次青藏高原综合科学考察研究”聚焦于湖泊演化与气候变化、冰川退化与环境演变、生态变迁、冻土冻融灾害等4个方面。不同于第一次科学考察研究以“大发现科考”为目标,“第二次青藏高原综合科学考察研究”旨在“观察变化,并追究变化”。本书主要是在“第二次青藏高原综合科学考察研究”的专题“冻土冻融灾害及重大冻土工程病害”(2019QZKK0905)项目资助下完成的。本书将青藏高原的湖泊进行成因分类,总结演化规律并分析其驱动力,进而探讨青藏高原湖泊演化规律及生态环境效应。本书重点阐明青藏高原多年冻土区热喀斯特湖演化规律,并对其进行易发程度区划。本书所获得的研究成果可为“第二次青藏高原综合科学考察研究”工作查清青藏高原湖泊本底、厘清其与冻融环境间关系提供基础数据,有助于促进对全球变化下湖泊生态系统演变的科学认识,服务于湖泊生态资源的合理开发和管理,为相关区域规划、工程建设、环境保护以及防灾减灾等工作提供基础性支撑。

全书共8章,具体包括绪论、青藏高原自然地质环境背景、青藏高原湖泊类型及发育特征、青藏高原构造湖演化规律、青藏高原多年冻土区热喀斯特湖演化规律、青藏高原冰川湖演化规律、青藏高原湖泊生态环境效应、结论与展望。全书由李兰和赵书芳共同撰写、统稿和校核。其中,李兰撰写第1~3章,赵书芳撰写第4~8章及附文部分。

由于作者学识有限、时间仓促,本书难免有疏漏和不当之处,真诚希望各位读者和专家给予批评指正。

作　者

2024年6月

目　录

第 1 章 绪 论

1.1 背景及研究意义

水乃生命之泉,文明之源,生态之基,生产之根。淡水资源丰足,亚洲水资源产、存、运的基地及特殊的地形,使青藏高原成了名副其实的“亚洲水塔”。密布的湖泊、林立的冰川、绵延的冰塔、广覆的雪被与冻土,都是“亚洲水塔”的重要组成部分。

青藏高原雄居于亚欧大陆中南部,是我国的西南边陲。被冠以“亚洲水塔”的青藏高原,不仅是长江和黄河的发源地,还是南亚、东南亚和中南半岛等区域中重要河流的发源地,绳辫状河流密布。青藏高原湖泊棋布星陈,湖泊数量位居我国五大湖群榜首。青藏高原的剧烈隆起和抬升为我国地貌格局定下由西向东渐低的基调,影响并控制着高原本身及周区的气候,孕育了重要的水文,造就了独特的生态环境。青藏高原的隆起对湖泊的形成及演化具有控制作用,湖泊的演化又为青藏高原生态环境提供翔实的证据。因经受地质构造、冰川侵蚀、河流作用、人类活动、气候变暖等综合影响,青藏高原的湖泊在成因、演化等方面显现独特性。从湖泊类型及演化规律入手,为深化研究青藏高原湖泊形成、演化及生态环境变化提供重要支撑。

“第二次青藏高原综合科学考察研究”(简称第二次科考)聚焦于湖泊演化与气候变化、冰川退化与环境演变、生态变迁、冻土冻融灾害等 4 个方面。不同于第一次科学考察研究以“大发现科考”为目标,第二次科考旨在“观察变化,并追究变化”。本书主要是在第二次科考的专题“冻土冻融灾害及重大冻土工程病害”(2019QZKK0905)项目资助下完成的。本书将青藏高原的湖泊进行成因分类,总结演化规律并分析其驱动力,进而探讨青藏高原湖泊演化规律及生态环境效应。本书重点阐明青藏高原多年冻土区热喀斯特湖演化规律,并对其进行易发程度区划。

1.1.1 湖泊演化与生态环境变化息息相关

湖泊,即湖盆及其承纳的水体。湖泊形成于自然界、外营力和人为因素共同作用,并且在自然界物质和能量循环过程中扮演了相当重要的角色。形成湖泊的地理环境、地质背景往往具有一定的事件性,湖泊形成到消失与多种地理、地质事件息息相关。同时,湖泊水体的物理化学性质在其周围环境下潜移默化,不同的地质、地理因素造就了湖泊的区域性。

湖泊的形态演变反映了湖盆承受构造运动的性质和方向,并直接影响湖泊岸线的内缩和外延;另外,湖泊的萎缩-扩张是青藏高原气候变化的启动器及放大器,究其原因,青藏高原湖泊补给源于大气降水、河流汇入、冰川融水及地下水补给等,若一定时期内发生明显的气候变化,湖泊水源补给必定会受到较大的影响,进而湖泊的状态必会产生联动响应。天然湖泊与人工水库都具有调节气候、调蓄水量、灌溉、航运、养殖、发电、提取化工原料和旅游等多种功能。其实湖泊作为一种重要的湿地资源，还拥有湿地的一些直接功能和间接功能。

(1)直接功能：①提供水资源及丰富的动植物产品；②提供矿物资源及能源和水运条件。

(2)间接功能：①调蓄水量、调节气候；②沉积营养物质和净化污水；③与地下水交流和防止海水入侵；④独特的生态功能和生物多样性；⑤具有景观和旅游价值；⑥具有教育和科研价值。

青藏高原湖泊在调节生态环境方面具有非凡意义。由于青藏高原特殊的地理条件和重要的生态地位，其湖泊的面积、水量增减会以直接或间接的方式反馈于青藏高原及周边甚至全球。青藏高原是许多重要河流的发源地。长江、黄河，以及南亚的恒河、印度河等都发源于此，这里丰沛的水量对众多国家的水资源安全起着重要的保障作用。它还是我国湖泊、沼泽分布最集中的区域之一，全球山地冰川最发育的地区，对亚洲众多江河的水源涵养和水文调节具有重要意义。青藏高原是生物多样性的重要基因库，它囊括了热带季雨林，山地常绿阔叶林，针阔叶混交林等森林、草原生态系统，又涵盖内陆湖、河流以及湿地等水域生态系统。近 40 年来，青藏高原地区平均气温显著升高，湖泊面积扩张，冰川呈全面、加速融化趋势，活动层上界也随气温发生显著变化，积雪面积减少、积雪深度降低，与此同时，降水量增加，草地覆盖度增大，土地沙漠化情况扭转。

青藏高原湖泊不仅有着重要的自然研究意义，从社会经济贡献上，湖泊是人类生产和生活的水源保障，是水产养殖、渔业捕捞业的天然基地。湖泊作为自然风景，其美学价值使其成为特色的旅游目的地。为了最大限度地发挥湖泊资源的功能价值，进行系统的科学研究是保障湖泊持续发展的要义。青藏高原湖泊奠定了湖泊生态环境效应基础，湖泊类型及演化研究为清楚掌握青藏高原湖泊本底数据提供支持，将更好地服务于西部大开发、“一带一路”、中巴经济走廊等国家战略及国际倡议。近年来，受全球气候变暖和人类活动的综合影响，青藏高原的环境压力增大，面临着冰川退缩、土地退化、生物多样性受到威胁等严峻挑战。值得庆幸的是，我国对高原生态系统的重要意义已经有了充分的认识，过去 10 多年来，国务院等部门批准并实施了一系列规划、保护和建设项目，并取得了一些阶段性成果。

青藏高原高寒缺氧的气候、恶劣的自然环境使先前青藏高原湖泊研究只能以典型、易到达为主，难以进行点—线—面综合的湖泊环境演变研究。遥感技术的逐渐成熟，给从宏观层面研究湖泊带来了极大的便利，到 20 世纪四五十年代，相关学者开始利用航片来解译湖泊，基本解决了面上湖泊研究的难题。湖泊电磁波属性、湖泊形态与其他物体的遥感光谱响应不同，结合地质基础资料，定量科学研究湖泊由无到有、由小到大，二维结合三维的空间视角研究湖泊的类型及时空演化，越来越被湖泊演化研究者信赖。目前，遥感技术为主、地理信息技术的可视化及空间分析功能为辅的程序化方法广为流行。经过近半个世纪的发展，湖泊遥感已经从最初利用光学遥感影像定性观测水华或湖岸带定量变化的简单应用，发展成瞄准人类活动和全球变化影响下的湖泊变化和响应等复杂问题，联合天空地多源、多类型、多尺度遥感手段，从经验模型、机制模型、人机模型、机器学习算法再到深度学习，实现湖泊多参数、长时间序列定性定量遥感的综合研究。基于2020年以前全球湖泊和水库卫星遥感文献关键词词频统计，出现超过100次的有15个，"Eutrophication"出现91次，涉及不同的区域、不同的关注问题、不同的传感器和不同的研究手段；湖泊遥感已经多元化发展，应用广泛，展现出蓬勃的生命力。针对全球100~500 km^2 及以上湖泊和水库，发现近半个世纪以来国际期刊论文数量显著增加，从20世纪90年代年均不到20篇，发展到2016—2020年年均超过1 000篇。其中，北美、亚欧大陆和非洲地区大湖遥感研究最集中，中国研究湖泊起步较晚，但发展势头强劲。中国太湖、鄱阳湖近5年已成为全球遥感研究最多的湖泊，青海湖、三峡水库、纳木错和巢湖4个湖泊和水库也位居全球前20名；但实际上中国湖泊不管是面积还是数量在全球的比例并不高，这体现了中国在全球湖泊遥感领域中的主导和领先地位。

1.1.2　遥感技术已成为资源环境调查研究的重要手段和方法

遥感(remote sensing, RS)萌芽于1608年汉斯李波尔赛制造的世界第一架望远镜，迅速发展于20世纪60年代美国的多领域探测技术，1972年美国发射了第一颗陆地卫星，这标志着航天遥感时代的开始。遥感是指非接触的、远距离的探测技术，一般指运用传感器/遥感器对物体的电磁波的辐射、反射特性的探测。遥感是通过遥感器这类对电磁波敏感的仪器，在远离目标和非接触目标物体条件下探测目标地物。遥感技术囊括了最前沿的空间信息、光电技术、计算机通信技术、全息摄影技术、数学计算方法和地学规律等多学科成就，成为空间高新技术不可或缺的一部分。现代的光谱探测范围不仅限于可见光光谱，已发展到非可见光光谱。湖泊遥感的研究手段主要借助于卫星、航空、无人机等平台进行观测，传感器以光学传感器为主，以合成孔径雷达、激光雷达、重力传感器为辅。光学卫星类型广、数据全、时间久、易获取，能覆盖湖泊水色、水环境和水文、水质等各个方面，是湖泊遥感的主要手段。但是，光学遥感限制于天气状况(有云状态、雷电天气)，合成孔径雷达SAR(synthetic aperture radar)成为其有效补充；特别是在水体变化监测上，雷达比光学传感器更有效，已经成为湖泊水文遥感的重要手段。此外，部分因子需要加载特有传感器，如湖泊水温的估算依赖热红外传感器，湖泊水位和水量的估算则需要卫星高度计的支撑。不同类型的传感器有着不同的优特点，在湖泊遥感领域有着各自的应用优势。随着卫星传感器的多样化，湖泊遥感的手段已开始并持续从单一传感器过渡到多传感器协同观测，从单一平台到多平台的天空地立体监测。随着数字成像系统的更新换代，图像的空间分辨率从米级提升到亚微米级。

随着国际对遥感技术的强烈关注和深耕，一个多层、多角、全方位、全天候对地观测的全新时代已经兴起。RS、GIS和GPS融合成"3S"技术，各轨道配合，大、中、小不同类型的卫星相协同，高、中、低时空分辨率融合的全球对地观测系统为人类提供了海量、快速、及时、多种时间-空间-光谱分辨率的优质数据。智能化地分析地学规律，将人类不易到达的野外实地调研转移到室内，从静态到动态、从点到面再到全球、从过程到模式稳步发展。影像融合技术、自动分类技术的精细化，大数据处理速度的加快，原始的定性化描述升级到定量化研究环境、资源动态，为生态环境保护及区域经济可持续协调发展提供精确的数据和便捷的可视化服务。

目前,以湖泊盐分和温度场为主的物理特征研究是微波或雷达遥感的优势,但是微波遥感的空间分辨率低,阻碍了其在湖泊的应用。因此,亟须发挥合成孔径微波遥感的优势,逐步建设高性能微波遥感盐度机制研究,为全球湖泊盐度变化研究提供信息与技术支持。如果可匹配主动微波遥感与热红外遥感,实现湖泊表面粗糙度或者波浪信息提取,进一步实现湖泊水体表层温度反演,可为研究全球变化情景下的湖泊盐分和温度场等物理特性变化及其导致的生态环境问题提供新的思路。作为气候变化的响应器,湖泊、水库和河流等淡水生态系统碳循环研究已引起全球碳循环研究的持续关注和热点追踪。内陆湖泊等水体,虽然面积远小于海洋,但其在生态系统服务功能的价值很高,且与陆地生态系统物质、能量和信息发生交换,是全球碳循环的重要组成部分。但是,目前流域、大洲和全球尺度水体碳通量估算都存在数据不一致等问题。数据不一致的一个主要原因就是数据观测的时空尺度不一致,未考虑水体碳的季节、空间等差异。卫星遥感快捷、范围广和周期性的特点,为水体碳通量由点到面的尺度上推提供可能,也为准确评估区域乃至全球尺度上水体碳通量提供新途径。因此,未来要加强水体不同形态碳与水环境遥感参数关系的机制研究,实现更为精确的流域和全球湖泊碳通量估算,服务全球"碳达峰""碳中和"目标。

1.2 国内外研究现状

1.2.1 遥感技术在水体提取中的进展

水体提取方法因遥感技术的出现而迈向新的台阶。国外遥感技术发展相对较早,1985年,Jupp等将Landsat 4-5 TM设置成7个波段,并利用其中的单一波段短红外波进行大堡礁海洋公园的水体信息提取。1996年,Mcfeeters发现平原区水体在近红外波段比绿波段的反射率低,而其他地物类型都无此特性,提出利用归一化差异水体指数(normalized difference water index,NDWI)可准确地解译陆地水体信息。Frazier和Page等率先提出单波段阈值法基于Landsat 5 TM影像提取澳大利亚河流河漫滩水体信息,精度高达96.9%。2002年,Kloiber等利用*K*均值集群法对湖泊边界进行了提取并根据湖泊颜色特征判定了水体浑浊度。同年,Ryu等以Landsat 5、地球观测系统、星载热发射器和辐射计(ASTER)为数据源采用波段比值模型(TM4-TM3)/(TM4+TM3)对韩国的Gomso Bay的潮汐滩进行了水线提取,并提出了不同条件下水线提取的最佳波段选择。2006年,Ouma等基于Landsat TM和ETM+,将缨帽旱涝(tasseled cap wetness,TCW)和NDWI有机结合得出水体指数(water index,WI)并用于肯尼亚5个盐湖和非含盐裂谷湖泊的湖泊岸线,WI对岸线的探测精度为98.4%,比TCW和NDWI的提取精度分别高22.35和43.2%。2008年,Olmanson等利用迭代自组织理论技术分析了明尼苏达州长达20年的10 500个湖泊演化规律,与实测数据相比,遥感获得的数据可靠性较高。同年,Bellens等考虑到仅用光谱信息不能精确区分光谱特征相似的地物类型,提出结合形态轮廓将城市中的不同地物像植被、道路、水体进行分类提取,结果表明基于形态轮廓的提取大大提高了分类结果,但分类结果对较小结构尺寸的效果不显著。2011年,Lu等基于HJ-1A/B卫星影像数据,利用

VDVI-NDWI 指数增加水体和周围地物特征的对比度，利用地形坡度消除山体阴影及近红外波降低建设用地的影响，结果表明，NDVI-NDWI 指数提取精度明显高于单一的 NDVI-NDWI 指数，该方法适用于 HJ-1A/B 多光谱卫星影像。2012 年，Charles 等基于 Landsat 7 ETM+ 14.25 m 分辨率的遥感影像，采用 RS 和 GIS 的 GeoCover 水体指数提取出面积大于 2×10^{-4} km^2 的所有湖泊，在瑞典进行了选区验证并推广，准确度较高。2014 年，Gudina 等发现自动水体提取指数(automated water extraction index，AWEI)精度明显高于改进型归一化差异水体指数(MNDWI)。

1985 年，牛占发现 Landsat MSS 彩色级窗口法可清晰显示沟谷区的细状河流。1994 年，盛永伟等基于 NOAA 气象卫星的 AVHRR 影像发热通道的比值图像解决了含薄层云和云影中的水体提取。1996 年，周成虎等分析了水体在 AVHRR 上的光谱特征和其他相关地物类型的差异性，认为水体光谱明显区别于其他地物，从而对不同的地区设计不同的自动提取模型，并将模型推广实现了遥感影像提取水体的自动化和智能化。1998 年，杜云艳等基于 AVHRR 构造水体和其他类型地类的信息提取模型，高效地提取了自然水体和新积水区信息，并可进一步用在洪水淹没灾害的监测方面。1999 年，周成虎等再次发现水体和其他地类对波段的反射率有明显差异，依据水体光谱特征值建立的谱间联系模型，可高效区分山体阴影和水体。2000 年，万显荣等基于 Landsat TM 影像采用种子点的复杂等质区域提取思想，将种子点一定邻域看作种子区，在种子区插值，这样便可实现水体信息的半自动化提取。2003 年，赵书河等鉴于资源一号卫星遥感影像存在亮度值偏低的劣势，采用迭代混合分析方法弥补了这一缺憾并广泛应用于洪涝灾害的评估预测。2004 年，何智勇等基于高分辨遥感影像，结合多种图像处理方法获得了 94.92% 的水体信息。

随着遥感影像数据分辨率的提高，不同提取水体方法的提出，遥感在提取水体方面适用性更广、精度更高。2005 年，徐涵秋在 NDWI 的基础上采用 MNDWI，修改 Mcfeeters 的波段组合来专门解决城市和植被区的水体提取，实现了在水体提取过程中阴影的消除，还能用来研究水体中悬浮物的分布及水质的变化。同时，邓劲松等基于 SPOT-5 利用光谱差异和决策树监督模型，结合目视判定，最终定量统计出水体数据，精度高于传统的监督分类方法。吴赛和曹凯等依据 MODIS 遥感数据提取水体在每个通道上的差异性特征，通过对波段 1、2 的运算得到 NDVI 值，得出非水体的 NDVI 值大于 0，水体的 NDVI 值小于 0，据此提取出水体。郭利川基于 Landsat ETM+遥感影像和扫描技术提取 1∶10 万地形图的水体后作差，利用 GIS 空间分析技术对水体进行演化分析。2006 年，李小曼等利用 ERDAS IMAGING 的 TM 影像，将 3 个波段组成的真假色彩转化，对细小水体的提取精度大大提高。2006 年，莫伟华等提出混合水体指数(combined index of NDVI and MIR for water body indentification，CIWI)，可有效地分离出水体和云、植被、城镇信息，尤其是水体和城镇。

闫霈等认为增强型水体指数(enhance water index，EWI)可弥补 DNWI 和 MNDWI 在区分半干旱区水系和背景噪声方面的不足，达成快速、准确、简便的半干旱区域水系提取目的。曹凯等基于 SPOT-5 影像，利用图像分割和纹理识别建立规则，达到地物逐级分层分类的目的，结果表明分类符合物理规则，还能降低分类椒盐现象，精度较高。2009 年，骆剑承等选用“全域-局部”型分步迭代逐渐逼近水体边缘方法，此方法还可以减少Landsat影像中水体与阴影信息的混淆。2011年，朱金峰等发现沙漠湖泊的光谱特征不同于其他区域水体光谱特征，故提出DLWI可有效提取沙漠中的湖泊。2013年，沈占锋等发表了高斯归一化水体指数，提取了连续性的河流信息。夏列刚等利用自适应分割、自适应迭代和矢量化处理等一整套步骤，实现了复杂背景下多样水体信息的自动提取。卢建华鉴于传统直方图阈值法仅适用于小尺寸的普通图形，建立了双峰和三峰的直方图阈值分割方法，可快捷地分割出研究区的水体和农田。2014年，Feyisa等基于单波段阈值和双波段索引技术提出新的自动水体提取指数（AWEI），可以提高阴影和暗表面的区域分类精度，与MNDWI相比，AWEI提取的遗漏指数降低了50%，更适应于含山体阴影的山区。2016年，张国庆等分别利用MODIS和Landsat数据提取青藏高原区面积>500 km^{2}的14个湖泊，发现陆地卫星适合用NDWI提取，而MODIS适合用MNDWI提取，且为大湖。张伟等基于高分四号卫星的PMS传感器，提出改进光谱角匹配（MSAM）模型并随机选内蒙古和长江中下游进行验证，精度高达99.86%和98.37%。2018年，戚知晨等利用高分一号影像，对比分析NDWI和自动全域-局部水体分割法提取湖泊边界，发现全域-局部水体分割法能更精确地提取湖泊边界。

1.2.2 青藏高原湖泊动态变化及原因研究

随着1972年首颗地球资源卫星（ERTS-E1）在美国的顺利发射，相关学者开始利用卫星航片来研究青藏高原湖泊的变化。1980年，铁道部第一勘测设计院利用第一颗地球资源多光谱卫星航片，结合典型流域外业调查和目视解译，得出高平原和北麓河区是湖泊集中分布区，且多为咸水湖。高原湖盆的形状多为蝶形，湖堤不易分辨。1986年，陈志明经测年发现，高原湖泊在Q3末期或Q4初期出现过高湖面，意味着当时的气候较湿润。后用航片解译发现高湖面以后呈现8~10个退缩韵律，湖泊退缩则对应着气候的干旱。随着青藏高原的隆起和抬升，若遇新冰期，湖泊水位很有可能会回升。1992年，刘登忠利用Landsat卫星影像建立湖泊萎缩解译规则：棕黄色的为低植被覆盖和基岩裸露的荒漠景观类型，得出气候干旱、入湖径流减少直接导致湖泊面积减少的结论，还发现藏北南部湖区由于气候干旱、湖水蒸发强烈，本区的湖泊萎缩强度最大。1993年，陈兆恩等基于卫片解译出青藏高原湖泊面积≥4 km^{2}的共367个，经分析湖泊的分布状况、形态特征、迁移情况与断层活动关系后，得出湖泊在藏北区的分布占69%，并且高原的抬升使湖泊方向由SW向NE前移。1998年，李世杰等发现青藏高原北部湖泊以萎缩为主，其中苟仁错湖1990年时面积为23.5 km^2，到考察时基本干涸，经分析气象资料发现气候变暖、蒸发增强、降水滞后等是导致湖泊萎缩的主要原因。2001年，贾玉连等揭示19~15 ka BP涨湖源于高原冷湿气候和季节性冰川融水；13~11 ka BP涨湖源于末次冰消冰融水和夏季风带来的频繁降水。2003年，杨日红等利用Landsat MSS（1972年）、TM（1992年）、ETM+（1999年）的遥感影像解译出各时期的西藏色林错湖泊变化规律，得出湖泊面积从1 707 km^{2}增长至1 823.24 km^2，原因主要为由于气候变暖，降水量增加、冰雪融化增加直接带来的水源补给增多，青藏高原抬升和新构造运动也有利于湖盆扩张。2004年，姜加虎等发现在全球变暖的大背景下，多数江河或冰川补给型湖泊变大，多数依赖降水径流补给的湖泊面积萎缩甚至消亡。车涛等利用ASTER基于目视解译2000—2001年西藏朋曲流域冰湖,与1987年调研的结果对比,发现冰湖的数量有所减少,但面积显示增加,究其原因是同期全球气候变暖导致气温升高、蒸发增强、冰川消融。2005年,鲁安新等分析了纳木错和念青唐古拉、色林错和各拉丹冬等典型湖泊和冰川1960—2000年期间的变化,发现湖泊变化存在明显的区域差异,发现冰川融水补给型和降水补给型演化过程相反。湖泊扩张的原因主要是冰川融水增加、降水增加、蒸发降低;湖泊萎缩的原因主要是本区的蒸发量增加、生态退化及人为因素影响。2006年,王景华采用非监督分类和目视解译了Landsat TM和ETM+的1980—2000年的羊卓雍错湖流域的湖泊和冰川数据,结果表明,1980—2000年,区域内湖泊面积先减小后扩大,但总体呈减小趋势,从1980年的1 072 km^2缩小到2000年的1 038 km^2;冰川面积呈现一直减小趋势,从1980年的218.46 km^2到2000年的215.18 km^2。通过对降水量、气温和蒸发数据进行研究,发现气温上升导致的冰川崩融,降水多寡对湖泊面积的增大、减少起决定性作用。夏清发现昂拉仁错湖面积从中更新世晚期到2006年水量显著下降,原因是气候持续干旱、高原隆升、气候变暖。根据对未来气候的预测,估计昂拉仁错湖将于54.73 ka后干涸消失。鲁萍丽发现可可西里地区周边及中、北部湖泊面积缩小,但由于冰川融水的增多导致区内南部湖区面积加大。2007年,罗鹏基于RS、GPS、GIS结合地质学知识对青藏高原扎日南木错湖120 ka BP以来的湖泊面积变化进行了研究,发现气候变化和高原隆升导致湖泊面积呈0.017 2 km^2/a的速率萎缩。孟庆伟目视解译了青藏高原典型特大湖,从降水量、气温等因素的变化分别对应湖泊的变化,得出1975—2000年青海湖水位降低,面积萎缩的结论。1976—1999年,纳木错和色林错湖泊面积扩大。气候变化和冰川消融等因素是造成湖泊面积变化的主要因素。朱大岗等系统地研究了整个青藏高原的所有面积大于1 km^2的湖泊,20世纪70年代时,湖泊个数为1 029个,20世纪90年代时,湖泊个数增至1 067个,个数增加了38个,湖泊面积增加了199.42 km^2,在原1 029个湖泊中有509个基本稳定,198个面积扩大,322个面积缩小。湖泊的变迁形式包括解体和合并、已干枯的重新汇水和逐步干枯直至消亡。湖泊变迁的主要因素是气候、冰雪和雪线变化。2008年,牛沂芳等解译了1999—2007年纳木错、玛旁雍错和普莫雍错等三大湖泊区,结果与1984年的第一次科考结果相对比,普莫雍错、纳木错增长较明显,增长率为4.01%和4.55%,玛旁雍错增长率为1.31%。结合气象资料可知,普莫雍错、纳木错区域降水量显著上升,而玛旁雍错呈略微减少,表明湖泊面积变化与气象变化存在良好的一致性。2010年,万玮等探究了羌塘地区东南部的22个较大面积的湖泊,发现1975—2005年所统计的湖泊面积增加了1 162.19 km^2,面积增加的来源主要为原有冰川湖的面积增加,而新生冰川湖为面积增加的次要因素。王欣等基于喜马拉雅山地冰川湖演化,完美展现了冰川-冰川湖-气候三者之间的密切关系。乔程等发现达则错湖区蒸发量大于补给量使得近25年年均缩减率已远远大于大湖期以来的缩减率,在气候变暖情景下带来的蒸发增大、降水减少导致达则错湖"入不敷出"。2011年,李均力等分析了青藏高原20世纪70年代至2009年4个时间阶段的面积大于0.1 km^2的湖泊变化规律,指出湖泊面积年内9—12月最为稳定,在20世纪90年代之前湖泊萎缩,在20世纪90年代之后湖泊显著扩张,除在冈底斯山地湖区保持基本稳定外,其余地区湖坡面积均增加。沈华东等利用SWAT模型模拟了1956—

2006 年青藏高原兹格塘错湖泊与水文参数和气象因子之间的关系，发现流量主要受控于降水量和蒸发量降低情景，以及气温升高的降水量增加和冷模式的蒸发量降低。2011 年，张国庆利于 ICESat 测高数据发现 2009 年青海湖水位相比于 2003 年升高了 0.67 m，原因是冰雪加速融化补给湖泊。2012 年，闫立娟等利用 Landsat 系列提取了 20 世纪 70 年代至 2000 年青藏高原面积大于 1 km^2 的湖泊，结果表明：西藏西南、西藏东北分别持续萎缩、稳定增长；青海北部、青海南部分别波动萎缩、稳定增长。林乃峰解译了 1976 年、1999 年、2000 年、2010 年 4 个时期的藏北区面积大于 1 km^2 的湖泊，得出 4 个时期湖泊面积逐年增加的结论，4 个时期湖泊面积分别为 23 034.04 km^2、23 167.24 km^2、24 235.33 km^2、27 441.95 km^2。姜永见等分析了青藏高原区 1971—2008 年气温和降水数据，得出青藏高原区气候由暖干向暖湿过渡、大型湖泊水位随之升高的结论。孟恺等利用高精度遥感数据和 DEM 数据提取色林错区域湖泊水体面积和水位信息，发现由于气温上升，湖泊径流量增加是色林错湖泊面积增加的主要因素，降水量补给和湖泊直接补给是次要因素。李治国研究近 50 年的青藏高原的湖泊在气候变暖的驱动下，湖泊水量呈显著增加趋势。除多等利用羊湖水电站记录的水文信息和同期气象信息，得出以下结论：由于降水量的波动，1978—2004 年间，仅 1978—1980 和 1997—2004 年水位上升，2004—2009 年水位下降速率为 0.57 m/a，人类工程活动的干扰是次要因素。2013 年，姚晓军等得出 20 世纪 70—90 年代可可西里湖泊面积持续减小；20 世纪 90 年代至 2011 年可可西里湖泊面积持续增大，且扩张存在地域差异性。分析与气象因素的相关性，发现降水增多、蒸发减少正向作用于湖泊面积变大，冰川融水增多及多年冻土融化对湖泊面积增加起次要作用，且存在一定的时间差。2014 年，姜丽光等采用阈值分割的方法提取出乌兰乌拉湖的湖水表面和湖泊岸线，得到以下认识：1976—1994 年，湖泊面积萎缩了 59.47 km^2，减少速率为 3.12 km^2/a；1994—1998 年波动稳定；1998—2012 年湖泊面积持续增长，面积由 499.83 km^2 增长到 655.25 km^2，增长速率为 10.36 km^2/a，且主要在湖泊南部的入口处。结合气温和降水量数据，由于气温升高带来的降水、径流、融水增加对湖泊面积增长所产生的贡献分别为 23.3%、43.7%、33.0%。万玮等解译了 20 世纪 60 年代至 2005 年青藏高原湖泊演化，得出主要原因是气温升高、降水量增加、冰川消融、冻土退化、雪线退缩等。闫强等研究乌兰乌拉湖面积和水位，结果表明：1970—2010 年间前 20 年湖泊面积持续减少，后 20 年面积剧烈增大，共增大了 129 km^2，水位也显著升高。利用 SWAT 模型模拟 1970—2012 的径流并与实际检测相比较，趋势极为一致，说明模型可靠性高。董斯扬等提取了 20 世纪 70 年代、20 世纪 90 年代、2000 年代、2010 年代 4 个时期的 Landsat 影像，提取了青藏高原面积大于 10 km^2 的湖泊共计 417 个，并从分布的区域位置、面积尺寸、海拔高程等规律进行统计，得出以下结论：湖泊面积呈整体明显扩张趋势，且在 2000 年代至 2010 年代最为剧烈；且面积为 10~100 km^2 的湖泊多分布在海拔 4 500~5 000 m。分析气象因素发现降水量的增加是湖泊面积扩张的主导因素。车向红等利用 MODIS 中 MOD09A1 的数据经水体指数法提取了青藏高原 2000—2013 年的湖泊数据，结果指出：在研究时段内湖泊面积呈整体增加趋势，增幅为 490.98 km^2/a，且每个月的变化率均是正数，说明湖泊扩张是非季节性的。张鑫研究了 1972—2012 年青藏高原内陆湖，成果表明：纳木错、普莫雍错、扎日南木错、塔若错 4 个湖泊呈不同程度的增长，纳木错和普莫雍错持续增长，且 2000 年以后增长幅度远远超过2000年以前;玛旁雍错和佩枯错湖泊面积呈持续下降趋势。究其气象因素和冰川融水补给,发现纳木错、扎日南木错、塔若错等流域降水量增加,普莫雍错、玛旁雍错和佩枯错流域降水量下降。不同湖泊在不同流域接受的补给方式不尽相同,且气象也存在空间差异性,导致湖泊面积变化程度差异性。

方月等对青藏高原的35个典型高山湖泊进行了面积提取,发现喜马拉雅山区、喀喇昆仑山区、柴达木盆地高山区湖泊面积呈减少状态,那曲地区、昆仑山区湖泊面积扩张,而可可西里山区和祁连山区湖泊面积波动较大,分析气象因素发现和气温、降水、蒸发量密切相关,与冰川融水也有一定的关系。刘宝康等选取可可西里 Landsat TM、ETM+,HJ1A/B的CCD数据,提取了1961—2014年湖泊面积数据。结果表明,近54年可可西里地区降水量呈增加趋势且2011年持续强降水使湖泊外溢,加上1981年的地震使湖盆抬升,湖盆容水量降低,从而使湖泊溃堤加速。梁丁丁利用 Landsat TM、ETM+解译了1975年、1990年、2000年、2010年遥感影像,选用插补迭代法降低冻湖、阴影和冰雪的干扰,提取出青藏高原面积大于0.002 7 km^{2}的所有湖泊,并按流域分析了湖泊面积的演化趋势。不同区域间湖泊表现出不完全相同的变化过程,主要与各流域的气温、降水量、蒸发量、风速、冰川消融情况密切相关。2016年,袁媛基于高分一号16 m分辨率多光谱影像经目视解译、NDWI和面向对象等方法提出三江源流域面积大于1 km^{2}的湖泊面积,结果表明蒸发量增大、湖泊面积萎缩;降水量升降和融水入湖径流增降使黄河流域湖泊面积波动变化。杨珂含基于HJ1A/B环境减灾卫星和 Landsat 解译了青藏高原面积大于1 km^{2}的所有湖泊,并于2009—2014年进行逐年监测,选取24个典型湖泊进行逐月监测,以便于分析季节性变化趋势;还将湖泊分为内外流湖、咸淡水湖以及冰川融水补给湖3类并分别讨论湖泊变化。成果表明:青藏高原面积大于1 km^{2}的湖泊共874个,整体呈增长趋势,增幅速率为340.79 km^2/a,位于横断山脉北麓的湖泊基本稳定。内流湖明显扩张、外流湖扩张不明显,咸水湖扩张显著,淡水湖呈减小趋势,冰川补给湖增长显著。2009—2014年湖泊面积增减与降水量的丰枯基本一致,冰川影响不大。2016年,Song等利用ICESat/GLAS测高数据和Landsat MSS、TM、ETM+影像提取了青藏高原湖泊水面高程和面积数据,结果表明:1970—1990年大部分湖泊面积减少,仅西藏中部湖泊面积增加;1990—2011年,青藏高原湖泊面积显著扩张;20世纪70年代初至2011年,湖泊总蓄水量增加了92.43 km^3。2017年,李蒙利用 Landsat 系列影像提取了羌塘高原的湖泊信息,得出20世纪70年代湖泊个数和面积分别为297个、25 821.38 km^2,20世纪90年代前期湖泊个数和面积分别为294个、24 474.89 km^2,20世纪90年代后期湖泊个数和面积分别为296个、25 607.57 km^2,2000年代前期湖泊个数和面积分别为298个、28 038.09 km^2,2000年代后期湖泊个数和面积分别为298个、30 080.06 km^{2}和2010年代前期的湖泊个数和面积分别为298个、31 630.73 km^2;面积呈现出先减少后增加的趋势。2018年,曾昔采用1995—2015年的Landsat遥感影像提取了湖泊面积和数量数据,得出青藏高原2010年湖泊个数比1995年多307个,湖泊面积也呈增加趋势;到2015年湖泊个数又减少了52个,面积整体增长但部分萎缩。降水量和气温对湖泊面积变化起直接作用且与气温相关性较高;冰雪融水补给湖泊是间接因素。典型湖泊分析发现:青海湖面积先减后增,降水量和蒸发量的变化是主要原因;纳木错先增长后低幅波动,气温和积雪日数是主要因素。2019年,闫利等提取了青藏高原5—9月的138个面积在50 km^{2}以上的湖泊,2017年面积比2000年增多了2 340.67 km^2,扩张型、萎缩型、稳定型各占67.39%、12.32%、20.29%;文中还分析了气温升降和降水增减的正交组合和冰川融水数据,得出气温对以冰雪融水为补给的湖泊影响显著,降水量对以降水和径流为补给的湖泊影响明显。周柯选择了青藏高原东北部的青海湖和哈拉湖,对比谱间关系法和MNDWI指数,并结合Canny算子边缘检测法的优缺点,甄选出用谱间关系和Canny算子法提取1987—2018年两个湖泊面积。成果指出:青海湖面积在2004年前减小、2004年后持续波动增大,哈拉湖也存在相同的变化趋势,但在2001年面积萎缩最小。哈拉湖受气温和降水量两者的影响,且冰川融水的增多导致湖泊面积扩张。梅泽宇利用卫星数据,结合星载差分和多波束探测等先进技术,提取了可可西里盐湖等4个典型湖泊的面积数据,结果显示:气温升高、降水量增加的情景下,湖泊面积增加与降水、气温、风速呈显著性相关。依线性回归和盐湖响应模型,预测盐湖将于2019年8月溃堤外溢。张路等用监督分类的方法提取了2000年、2005年、2010年、2015年4个时期的西藏唐北地区的湖泊数据。成果表明:2000—2015年湖泊面积增加了14.2%,以这15年湖泊数据变化为基点,预测到2030年藏北湖泊面积将以7.9 km^2/a的速率继续增加,且为小型湖扩张为主。

朱立平等发现青藏高原1970年代至2018年湖泊数量和面积均呈显著增加。1970年代至1990年,由于气温较低,冰川融水较少,湖泊水量减少;1990—2000年由于升温,冰雪加速融化导致湖泊面积也随之增加;2000—2005年,降水量增加变成湖泊增加的主导因素;2005—2013年蒸发量升高,不利于湖泊面积扩大。2020年,魏乐德基于遥感、GIS空间分析等手段提取了1990年、2000年、2010年的Landsat数据,得出全区湖泊面积增加了195.08 km^2,个数增加了42个,且不同时期湖泊面积和个数变化存在差别。

综上所述,众多学者利用不同的遥感影像源(Landsat、HJ1A/B、MODIS、高分一号等),以水体的亮度值与其他地物的差异性为原理,采取基于卫星图像的不同的水体提取算法和提取技术,对青藏高原的典型地区、典型流域、典型湖泊或整个青藏高原不同年份的湖泊信息进行了研究,还分规模对比如面积大于1 km^2、面积大于10 km^2的湖泊个数及面积进行统计,统计得出不尽相同的变化规律。在分析变化原因时学者们基本上选用气象因素、冰雪数据、冻土数据和雪线等进行综合评价。不同区域受因素影响不同,补给来源不同导致湖泊演化呈现持续萎缩、扩张、先减后增、先增后减、波动稳定等5种类型。存在的主要问题是未将青藏高原所有湖泊全部统计。

1.2.3 青藏高原生态环境研究

青藏高原位于中国西南部,被誉为"世界屋脊""亚洲水塔",具有重要的水源涵养、土壤保持、防风固沙、碳固定和生物多样性保护功能,是全球生物多样性保护的关键区域。青藏高原在中国,甚至全球的人居环境安全和生态文明方面扮演着至关重要的环境和生态屏障角色。青藏高原作为生态屏障区,是我国"两屏三带"的重要组成,是青藏高原地区生态系统的空间载体。行政区划上,青藏高原生态屏障区包括青海省、四川省、西藏自治区3省(自治区),是保证区域乃至全球环境相对稳定的调节器。青藏高原及其周边区域的生态环境极为脆弱,人类活动作为催化剂更是加快了青藏高原及周边的环境变化。在全球变化和愈演愈烈的人类活动强度下,青藏高原地区的生态环境正遭受着冰川消融、水土失衡、灾害反复、生物多样性难以维持等多种生态环境问题。1961年以来,高原气候变暖加速,是全球平均增温速率的两倍之多,降水变化区域差异显著,呈现出南东线降水减少、西北线增加的特征;高原生态状况总体稳定向好,环境质量优良,但部分区域仍存在草地退化、水土流失、冻土退缩等问题。高原人类活动强度较高区域主要分布在东部边缘河谷地区和西藏一江两河地区,高原人类活动强度总体较低,仅为全国平均水平的27%;人类活动对生态环境影响较弱,并且自2010年以来,影响程度增速放缓,年均增长速率由0.84%下降至0.70%;生态保护与建设的成效逐步增强,对稳定生态安全屏障发挥了重要作用。

2003年,吴青柏等分析了青藏公路附近活动层监测数据,发现冻土及水热过程相互作用,地表破坏扰乱冻土层的水热平衡,进而影响地表植被,不采取措施的话还有可能造成沙漠化。2004年,南卓铜等预测在不同增温模式下,多年冻土将遭受不同程度的退化,后果较为严重。2005年,汪青春等利用年均地温与海拔、经纬度的关系模型,对比1960—1990年发现,多年冻土下界分布高度上升约71 m,季节性冻土厚度平均降低约20 cm,且多年冻土已产生边缘不衔接现象。2006年,张佩民等利用Landsat MSS和ETM+提取了青藏高原1972—1977年的土地沙漠化信息,结果表明,1977年的土地沙漠化面积相比于1972年有所增长;尤其是柴达木盆地和酒泉盆地,演变形式是草地退化成荒漠化土地。耿艳利用地表温度和地下剖面实测温度,指出青藏高原的温度自北向南呈高温、低温起伏,且现处变暖期,温升将带来雪线上升、冻土层冻融、土层保水性下降、植被退化、荒漠化加剧等生态恶化问题。2007年,陈江等分析了青藏高原1981—2002年逐月降水量、气温和GIMMS-NDVI发现,降水量呈整体增加趋势,且冬、夏明显增加,春、秋季明显减少;植被的增减受区域的气候、海拔等影响。2008年,周晓雷根据历史气象资料以及实地调查数据,发现20世纪70—80年代,青藏高原东北界的草地面积减少了约30.52%;20世纪80—90年代又减少了65.3%。退化草场面积占可利用面积的83.2%,中重度草场退化面积为81.4 km^2,中度退化的面积为137 km^2。张继承利用多源遥感数据与专题数据,选取地形、地质因子、气象、植被、水资源、社会经济、生态环境因子等建立评价指标体系,得出青藏高原从20世纪70年代末到21世纪初,生态地质整体呈由轻度向中度恶化方向。气候变暖对青藏高原的部分区域是把双刃剑。有些区域因温度升高,降水量变多、植被变好;部分区域江湖出现干旱加剧、水资源枯竭、草场转退、生态环境朝着恶化的方向发展。2009年,邢宇等选用20世纪90年代TM、2000年代ETM+和2006年的CBERS等遥感影像采取人机互译的方式解译了青藏高原的湿地信息,得出1990年代至2006年湿地面积整体先减少后增加,柴达木盆地湿地退化明显高于其他流域;增加区域中,羌塘高原湿地增加最多。2010年,温国安发现青海湖流域降水量减少、温度升高、入湖水量减少、人类活动的干扰促使生态环境朝恶化方向发展。张瑞江等利用1960—1970年的地形图以及1975年的MSS、2000年代的ETM+发现:2000年代现代冰川面积相比于1975年减少了3 941.68 km^2,减少速率为131.4 km^2/a。20世纪60年代末至80年代末,青藏高原冰川面积增加;80年代末期开始又显著减少。空间上,主要表现在塔里木盆地和喜马拉雅山区。张瑞江等还提取了雪线信息,发现近30年来帕米尔高原的雪线上升了100~300 m,昆仑山部分区域雪线上升了幅度在50~250 m,颂峙峰雪线下降了75~125 m,阿尔金山雪线上升了50~300 m,羌塘高原雪线下降了50~250 m,念青唐古拉山雪线基本保持稳定,唐古拉山雪线上升了约400 m,祁连山雪线上升了50~250 m,横断山雪线约上升了 200 m,喜马拉雅山雪线上升了 20~100 m,冈底斯山西段雪线上升了约 50 m、东段雪线下降了 50~100 m,喀喇昆仑山雪线下降了 50 m。2012 年,赵福岳等发现剧烈隆升使青藏高原面临土地沙化、冰川消退、灾害频发等灾害。2013 年,陈芳森等提出持续森工生产、贫困地区畸形经济发展、人口增长、土地资源管理不力等是青藏高原东缘生态环境恶化的主要社会原因。2015 年,张宪洲等研究发现气候变暖变化和频繁人类活动,以高寒草地为主的高原生态系统屏障功能正遭受威胁。2018 年,徐友宁等针对以前自然资源无序开发、破坏式开发等模式,提出了生态保护优先的开发模式。王铁军等采用综合评价法计算得出青藏高原生态环境较好、好、非常好分别占 14.4%、10.7%、4.3%。袁烽迪等利用层次分析法(AHP)和主成分分析法(PCA)定量评价了青藏高原脆弱性。结果表明:脆弱性是多因子共同影响的,其中第一主成分为自然背景、第二主成分为社会背景。显示中部和西部极重度-中度脆弱占比最大,面积占比为 48.2%;轻度脆弱区面积占比为 9.65%,分布在东部;微度脆弱区占比为 19.44%,分布在东南部。张扬建等基于对西藏高原的长期生态环境监测,提出了高寒退化草地的恢复治理新技术,并得到广泛推广,效果显著。

鉴于青藏高原对国家生态安全保障的重要性,以及青藏高原自然环境与生态系统的独特性,为加强青藏高原生态保护,建设青藏高原生态安全屏障,专家提出以下几点建议:

(1)应建立健全青藏高原生态保护法。针对生态安全格局构建、生态保护修复、生态风险防控、协调保护与发展、保障措施与监督机制,以及生态保护的法律责任等方面制定相关法律法规,让生态保护修复有法可依,用严密的法制促进青藏高原生态安全屏障建设。

(2)充分考虑青藏高原生态系统脆弱、生态承载力低、对资源利用开发的干扰高度敏感、恢复难的特征,在保护修复制度与机制设计中坚持保护优先、预防先行、自然恢复为主的方针。

(3)构建青藏高原生态安全格局。以生态系统服务功能重要性与生态敏感性空间格局为基础,科学规划重点生态功能区,重点保护三江源、若尔盖、甘南、祁连山、阿尔金、藏西北羌塘高原、藏东南、可可西里等重点生态功能区。

(4)建设以水源涵养、生物多样性保护、水土保持、生态系统碳汇等生态功能为主导的青藏高原生态安全屏障。

1.2.4 存在的问题

青藏高原由于其在全球范围内所处的特殊位置,一直都是各国家、各领域科学研究者关注和竞相研究讨论的热点地区。青藏高原湖泊在青藏高原的生态系统和水循环起着重要的作用,分析其变化并厘清其变化对气候变化的响应及生态环境效应意义重大。总结前人丰富的成果,发现很多研究是基于单个湖泊且一般是大型的湖泊,或者是青藏高原分流域的湖泊,或者是面积大于 1 km^2 甚至大于 10 km^2 的湖泊,或者是特定类型的湖泊如内流湖、盐湖的统计分析。

根据参阅相关方面的期刊和书籍,总结出对于青藏高原湖泊研究存在如下不足:

(1)缺乏青藏高原区域内全部湖泊的长时间序列演化研究。

(2)几乎无青藏高原湖泊成因类型分类研究。

(3)未全面进行青藏高原多年冻土区热喀斯特湖的演化规律及易发程度区划研究。

(4)青藏高原湖泊的生态环境效应研究不够深入。

1.3　本书创新点

(1)利用遥感数据解译出青藏高原长时间序列湖泊数据,查明了包括热喀斯特湖在内的青藏高原各类湖泊的本底。根据湖泊成因将青藏高原湖泊划分成构造湖、热喀斯特湖、冰川湖、河成湖、堰塞湖和人工湖,阐明了各类湖泊的分布规律。

(2)统计了 1 451 个构造湖的几何形态,探究了湖泊几何形态与断裂构造之间的成因联系,揭示了近 40 年构造湖的时空演化规律及驱动机制。

(3)首次研究揭示了 20 世纪 80 年代至 2020 年青藏高原多年冻土区热喀斯特湖演化规律。选用热喀斯特湖点密度、冻土稳定性类型、年均降水量、地表温度、土壤水分、积雪面积、NDVI 和坡度等指标,利用综合评判模型,对青藏高原多年冻土区热喀斯特湖的易发程度进行了定量区划。

(4)定量计算出 1990—2020 年青藏高原湖泊生态系统服务价值量,认为近 30 年湖泊生态系统的服务功能逐渐趋好。结合 NDVI 指标和冰川湖溃决灾害对青藏高原生态环境效应进行了评价。

1.4　研究内容及技术路线

1.4.1　研究内容

本书依托“第二次青藏高原综合科学考察”的专题“冻土冻融灾害及重大冻土工程病害”(2019QZKK0905),主要开展青藏高原多年冻土区热喀斯特湖时空演化规律研究。研究中主要运用公开的 Landsat 系列影像,通过人机互译及目视解译等方式提取多期的湖泊数据,结合土壤类型、气象数据、冻土类型、植被覆盖度、气象数据、青藏高原构造等数据分析湖泊的演化规律。

本书的主要工作如下:

(1)湖泊数据的获取及预处理:主要为 Landsat 5 TM 和 Landsat 8 OLI 系列影像,对遥感数据的预处理及人机交互,结合目视解译获取研究区的湖泊及其他地类数据。

(2)气象数据、冰川分布、土壤数据、冻土类型数据、冻土稳定性类型、积雪面积、构造、地表温度等资料的收集及处理:研究区 1980—2018 年年均气温、年降水量资料的收集,土壤类型、植被类型、青藏高原地貌类型资料的收集,冻土类型资料的矢量化处理。

(3)青藏高原湖泊分布与海拔高程、土壤类型、构造、坡度、植被类型的关系分析。

(4)青藏高原湖泊不同成因类型的划分,以及每一个时期不同类型湖泊的演化分析。

(5)青藏高原湖泊生态系统的生态环境效应分析。

1.4.2　技术路线

针对上述主要工作和研究内容,本书的技术路线如图 1-1 所示。

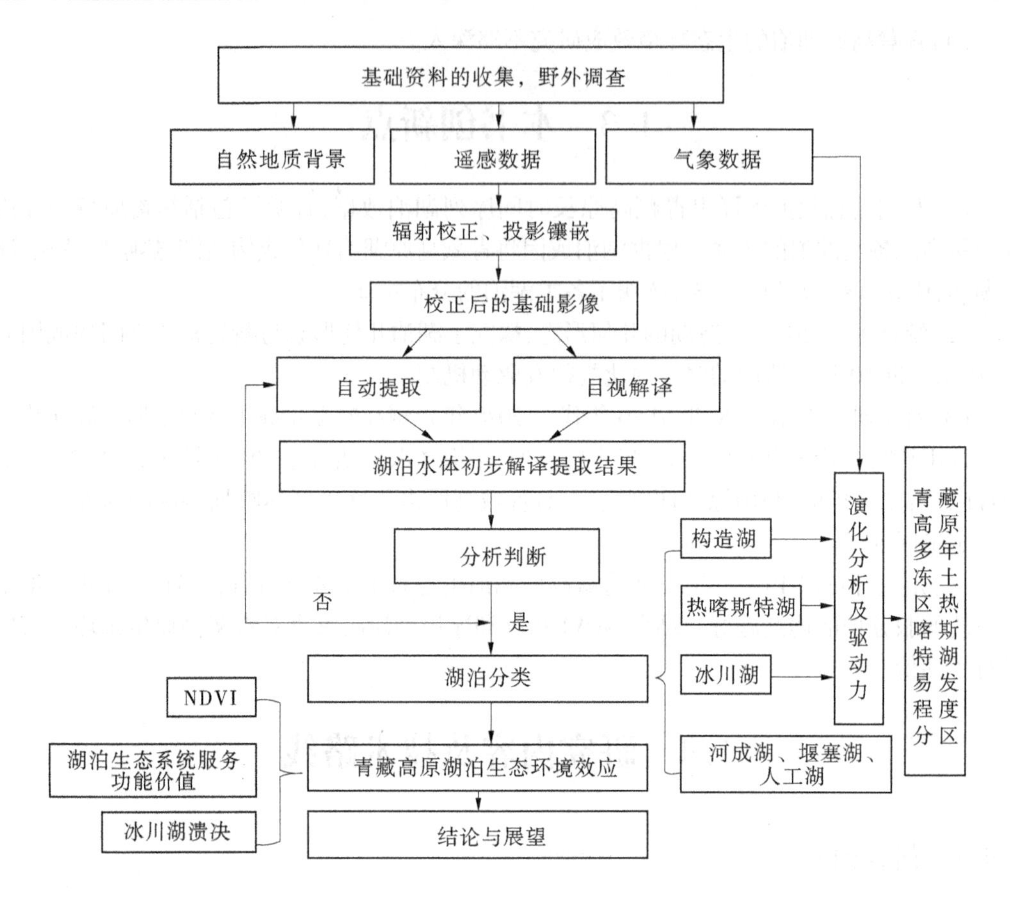
基础资料的收集，野外调查
自然地质背景
遥感数据
气象数据
辐射校正、投影镶嵌
校正后的基础影像
自动提取
目视解译
湖泊水体初步解译提取结果
分析判断
否
是
湖泊分类
NDVI
湖泊生态系统服务功能价值
冰川湖溃决
青藏高原湖泊生态环境效应
结论与展望
构造湖
热喀斯特湖
冰川湖
河成湖、堰塞湖、人工湖
演化分析及驱动力
青藏高原多年冻土区热喀斯特湖易发程度分区

图 1-1　技术路线

第2章　青藏高原自然地质环境背景

2.1　自然地理

青藏高原(qinghai-tibet plateau,QTP),旧称青(青海)康(西康)藏(西藏)高原,位于亚洲中部,地理位置北纬26.16°~39.78°、东经73.32°~104.78°,总面积超250×10⁴ km²,占中国陆地面积的26.18%。平均海拔4 000~4 500 m,最高点珠穆朗玛峰8 848.86 m(2020年12月)。2010年统计,发育着现代冰川36 000余条,近年来冰川融化现象越来越被广泛关注,2018年遥感计算冰川面积为41 013.36 km²。青藏高原是长江、黄河、雅鲁藏布江等10余条亚洲重要江、河的源头,素有"亚洲水塔""世界屋脊""第三极"的美称。狭义上的青藏高原东起念青唐古拉山脉和横断山脉,西临喀喇昆仑山脉,南迄喜马拉雅山脉南缘和冈底斯山脉,北抵昆仑山脉、阿尔金山和祁连山脉北缘。广义的青藏高原以海拔3 000 m为划分界线,还包括从西边的吉尔吉斯斯坦一直到东边的印度等周边国家的部分或全部区域,以行政区划和地理位置为标志,东西长约2 800 km,南北宽300~1 500 km。本书研究我国境内的青藏高原,总面积约250万km²。青藏高原是世界上最年轻的一个高原。2.4亿年前,由于板块运动,分离出来的印度板块以较快的速度开始向北向亚洲板块移动、挤压,其北部发生了强烈的褶皱断裂和抬升,促使昆仑山和青海可可西里国家级自然保护区隆升为陆地。随着印度板块继续向北插入古洋壳下,并推动着洋壳不断发生断裂,约在2.1亿年前,特提斯海北部再次进入构造活跃期,北羌塘地区、喀喇昆仑山、唐古拉山、横断山脉脱离了海浸。地形上可分为羌塘高原、藏南谷地、柴达木盆地、祁连山地、青海高原和川藏高山峡谷区等6个部分。

青藏高原的自然历史相对于地球历史的发育极其年轻,受多种因素的共同影响,形成了全世界最高、最年轻而水平地带性和垂直地带性紧密结合的自然地理单元。高原腹地年均温度在0 ℃以下,大片地区最暖月平均温度也不足10 ℃。青藏高原光照和地热资源充足。高原上冻土广布,植被多为天然草原。青藏高原也是中华民族的源头地之一和中华文明的发祥地之一,在华夏文明史上流传的伏羲、炎帝、烈山氏、共工氏、四岳氏和夏禹等都是高原古羌族。

2.2　气象水文

青藏高原南北贯穿300~1 500 km,东西跨越约2 800 km,青藏高原作为全球气候变化的灵敏器和放大器,气候条件相对复杂,区域水文过程具有明显的空间差异性,降水季节性明显,夏季降水集中并具主导性。大部分区域处于亚热带和暖温带,东西延伸的山脉阻挡加强了高原气候的纬度地带性。从不同的气象因子上看,可以概括为年均温度低但日气温变化大;降水存在空间差异性,东南丰沛、西北干旱;年均日照时数大;气压低;大风频繁,风沙危害较大;蒸发量因气温、风速、地形也存在空间差异性。

2.2.1　气温

高寒是青藏高原气候的典型特征,形成了独立于我国其他区域的近闭合等温线,揭示了气温在高海拔区域几乎不受纬度控制。从全年的气温特点来看,海拔在 4 000 m 以下的区域年均气温大于 0 ℃,但也仅 1.37 ℃;海拔在 4 000 m 以上的区域,全年平均气温在 0 ℃以下。全区 1 月气温最低,平均在-10~-15 ℃,6—8 月温度最高,7 月可达 20~30 ℃。从区域分布上来看,气温较高的有柴达木盆地、青海东部的河湟谷地区,这些区域多年平均气温可达 3~5 ℃;藏北高原区全年均温-5~-3 ℃。青海玛多位于青海省东南部,5—9 月气温在 0 ℃以上,且温度不超过 10 ℃,其余月份气温均在 0 ℃以下,最低接近-20 ℃(见图 2-1)。

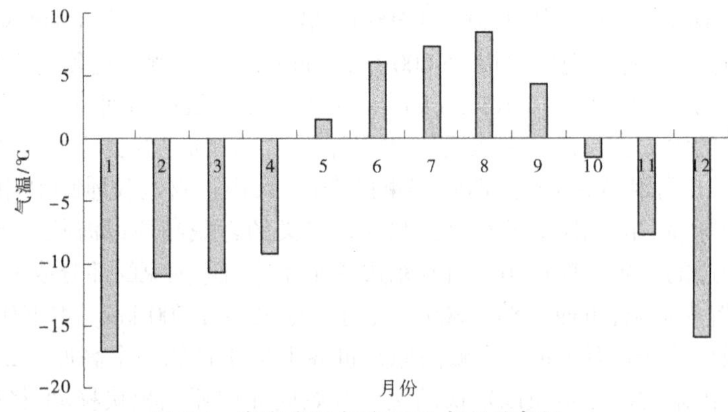

图 2-1　青海省玛多站 2019 年月均气温

通过分析青藏高原地区 1984—2014 年 31 年年平均气温,整体而言青藏高原地区多年平均气温呈现出由中部分别向北、向西和向南逐渐升温的趋势,其中向南的升温趋势比较明显。青藏高原地区多年平均气温的冷中心有两个,分别位于青海省的昆仑山和玛多附近,这两个区域这 31 年间的年平均气温分别低于-4.5 ℃和-2.5 ℃。

青藏高原地区多年平均气温为 0 ℃,等温线环绕于青海省的西部和东部,逐渐向周围升温,该区域呈现的分布趋势为西略宽东略窄。多年平均气温的暖中心有 3 个,分别位于西藏日喀则、拉萨以及青海的格尔木。其中,位于西藏日喀则和青海格尔木的暖中心强度较弱,平均温度分别为 6.5 ℃和 5.5 ℃,位于西藏拉萨的暖中心强度较强,为 8.5 ℃。在 88°E 以东、31°N 以南的地区是青藏高原多年平均气温最高的地区,该区域的多年平均气温超过了 6 ℃,并且由西北向东南逐渐上升。在 89°E 以西的青藏高原区域,年平均气温介于最高值和最低值之间,大约为 2.5 ℃。青藏高原 31 年年平均气温在纬度方向上呈现出"高—低—高"的分布趋势。

由图 2-2 可知,拉萨市年平均气温从 1970 年开始,大约上升了 2.5 ℃,这一结论与一些学者提出的中国气温正以 0.25 ℃/10 a 速率持续上升,全国平均气温升高了 1.3 ℃观点中部分内容以互相印证,但是拉萨市气温上升速率是全国平均气温上升速率的 2 倍(拉萨:0.50 ℃/10 a,全国: 0.25 ℃ /10 a) 。拉萨市气温上升幅度较大的原因主要与自然环境以及近年来城市化进程密切相关:青藏高原海拔高、空气稀薄、尘埃和水汽含量少、透明度高,故阳光透过大气层时能量损失少,辐射较强,且拉萨市属于高原温带半干旱季风气候,全年雨水较少,植被覆盖率低,因此温度易于汇聚,不易散发;同时拉萨作为西藏自治区首府,城市化进程加快,人类的生产生活排放出大量的温室气体,这亦是加剧气温上升的一大主要因素。

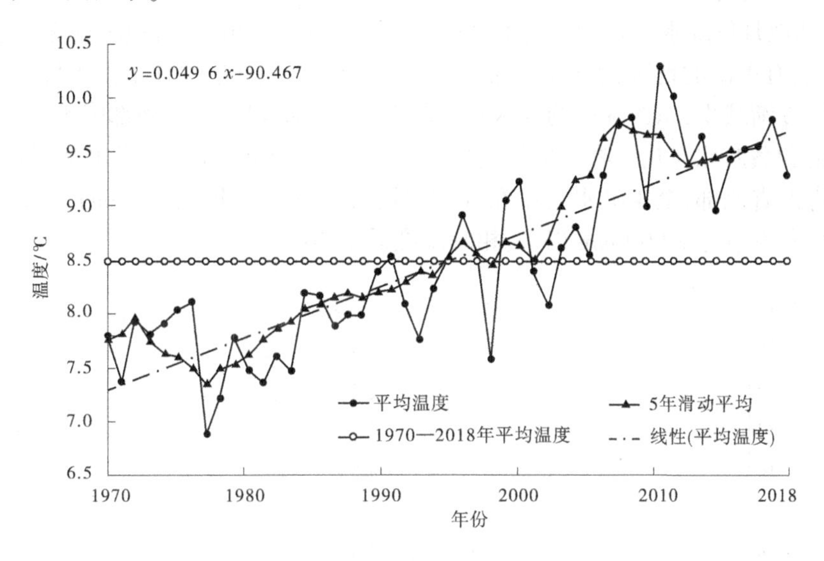

图 2-2　拉萨市年均气温变化

山南市位于雅鲁藏布江流域,是西藏主要粮食种植基地之一,农产品增收直接影响当地农牧民生活水平。因山南市特殊的峡谷地形,加之观测站稀少,受诸多因素影响,气温预报一直是难点。本书利用 1981—2018 年山南市 6 个气象站(错那、隆子、加查、贡嘎、泽当、浪卡子)逐日、逐月、逐年气温资料,以分析 1981—2018 年山南市气温变化特征,为气温预报预测方面提供参考,进而提高温度预报预测准确率,增强应对气候变化的服务能力。如图 2-3 所示,1981—2018 年山南市月平均最高气温为 13.6 ℃(8 月),其次是 13.4 ℃(7 月);月平均最低气温为-2.9 ℃(1 月),其次是-0.5 ℃(12 月);月均最高与最低差 16.5 ℃;1—8 月呈逐渐上升趋势,9—12 月呈逐渐下降趋势。

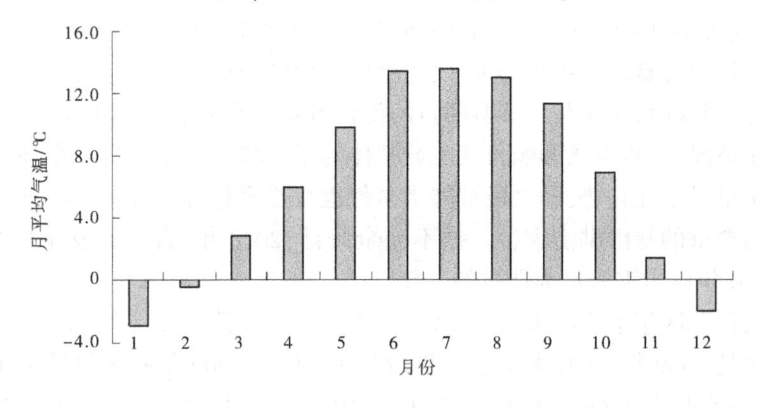

图 2-3　山南市月平均气温变化示意图

2.2.2 降水

降水量少且不均是青藏高原气候的另一特征。青藏高原高耸连绵的大山将海洋的水汽阻挡,使得大部分区域全年降水量在 100～500 mm,5—9 月的降水量可占全年降水量的90%以上,其他月份降水量较少。受季风环流、地形效应、冰川、积雪地区特殊降水等综合条件的影响,有多雨的地区,也有常年很少降水的干旱沙漠区。总体上由雅鲁藏布江宽谷区向西北区逐渐减少;东西纵向的降水差异较大,西北部较均匀,东南部降水年内差异大。柴达木盆地和藏西北在我国降水量是最少的,而且降水时间不固定,降水量变化率也大。冷湖位于青海省北部,全年降水集中在 6—8 月,总降水量不超过 100 mm(见图 2-4),但全年的年均蒸发量达 2 000 mm 以上,相对湿度低于 50%。

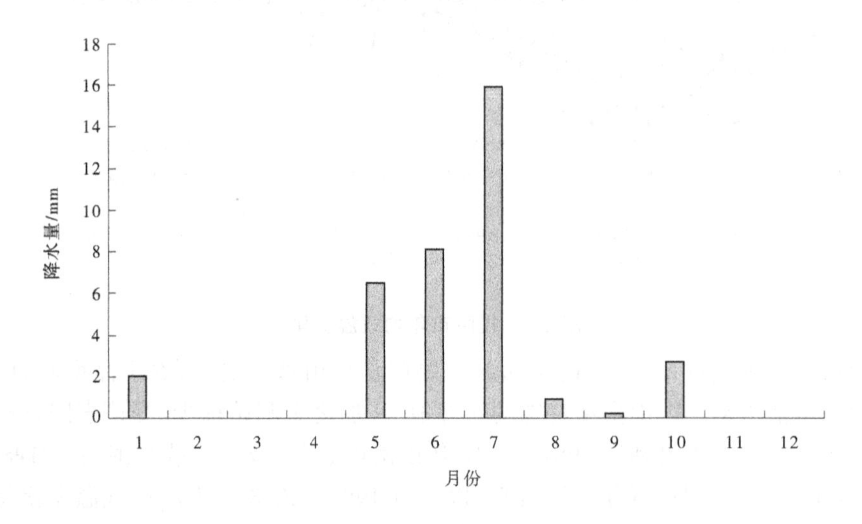

图 2-4　青海省冷湖站 2019 年月降水量

我国西藏地区,由于其特殊的地形地貌、海拔等,其气候更加复杂多变。如图 2-5 所示,整体上昌都市降水量呈增多趋势,且每 10 年降水量增加 7. 146 mm。根据 5 年滑动平均值,1995 年为年降水量的分界年,在 1995 年之前降水相对少,而后开始增多。

长江源区位于青藏高原中东部地区,地处昆仑山脉与唐古拉山脉之间,是三江源区的重要组成部分。其降水变化与其下游的黄河源区和澜沧江源区不尽相同,不仅影响青藏高原腹地旱涝情况,也将直接影响长江流域整体的旱涝状况。据资料计算,近年来青藏高原整体的降水量呈增加趋势,随之极端降水事件也呈增多趋势且分布不均,短时间的强降水造成了较为严重的暴雨洪涝灾害。据不完全统计,2018 年,青海省发生极端降水事件104 起,是近 10 年雨雪灾害最为严重的一年。

青海省长江源区年平均降水量在 285～535 mm,多年降水量平均值为 406 mm,降水量最多的年份是 2009 年,年降水量最少年份是 1984 年,2009 年降水量约为 1984 年的 2倍;长江源区降水量在 1966—1978 年、1996—2015 年为明显增加期;降水日数在 2009—2020 年为明显增加期;降水强度在 1967—1980 年、1994—2014 年为明显增加期。长江源

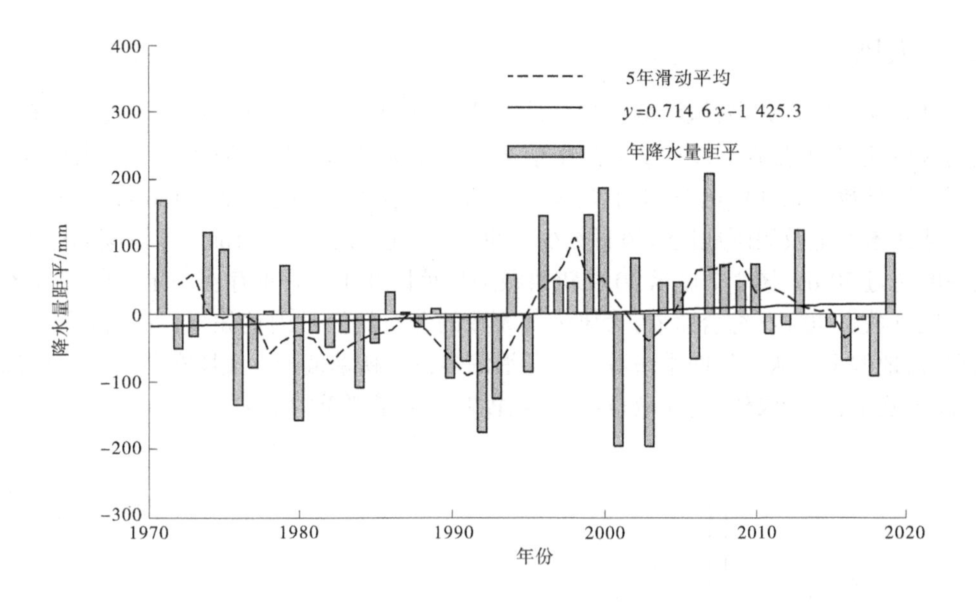

图 2-5　西藏自治区昌都市降水量变化示意图

区降水量变化与青藏高原降水变化基本一致，说明长江源区降水变化能够大体代表高原降水变化。

青藏高原空气浓度小，密度在 700~800 g/m³；气压在 19.74~54.9 kPa；缺少氧气，氧气含量均值为 140~197 g/m³，为海平面的 50%~70%；水的沸点在（85±2）℃；青藏高原日照时数长，年均日照时数 1 600~3 400 h（见图 2-6），比同纬度的低海拔地区高 50%以上，居全国第一。随着全球气候变暖，青藏高原的气候趋于暖湿化越来越明显。

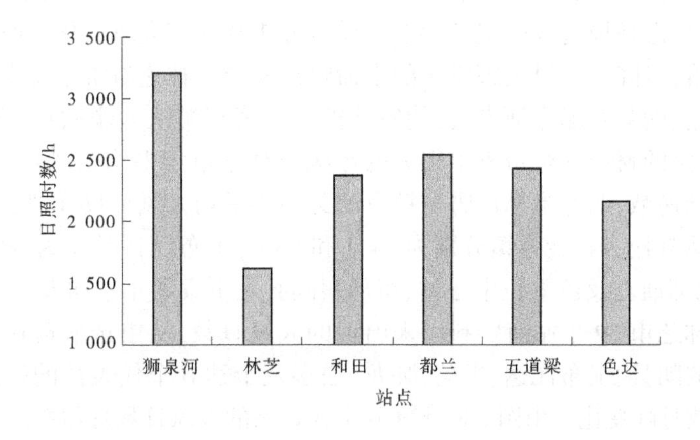

图 2-6　青藏高原部分站点 2019 年年日照时数

2.2.3 大风

青藏高原大风日数多、风沙危害频繁是青藏高原的又一典型气候特征。大风也存在一定的区域性,多发生在高原西部的阿里地区和整个柴达木盆地及周边区域。高原大部分地区大风日数年累计可达 50 d,而阿里地区和改则地区年大风日数在 150~200 d,实属罕见。柴达木盆地及周围地区大风日数少于 50 d,祁连山的中部、西部及青海湖周边大风日数一般超过 50 d。图 2-7 显示 2019 年西藏阿里地区几乎每月都存在一定天数的大风,全年大风日数超 40 d。综合来看,大风天气大致的分布特征是山地偏多、谷地偏少,高原面偏多、盆地偏少。从一年四季来看,冬、春季偏多,夏、秋季偏少。大风在冬、春季可将地表土、幼苗吹走,折断农作物,吹散畜群,给农牧业带来了严重的危害。

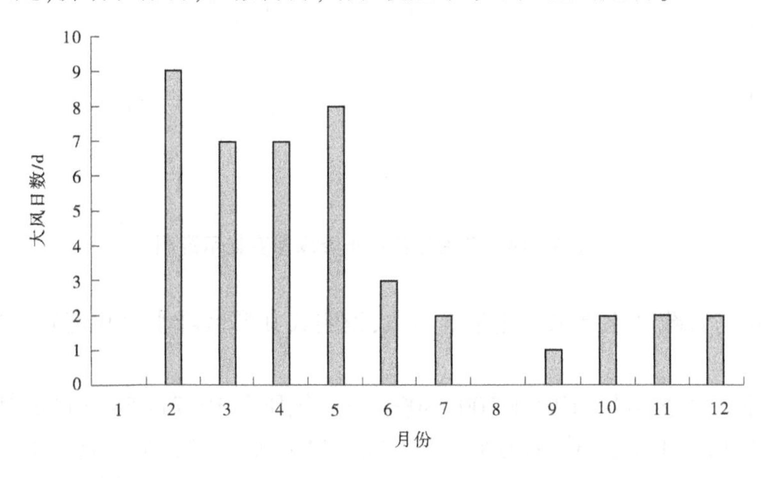

图 2-7 阿里地区改则站 2019 年逐月大风日数

近年来林芝市大风及扬沙天气越来越频繁,尤其是在下午,大风引起尼洋河畔扬沙天气,对林芝市的生态环境造成一定的影响。通过分析林芝市大风变化,针对性地提出防灾减灾措施与对策,以降低大风灾害带来的生命财产安全。林芝市常年发生大风灾害,主要集中在工布江达、朗县及尼洋河沿线,使屋顶铁皮及蔬菜温室大棚掀翻、交通沿线广告牌倒塌等,给农牧民的财产安全带来了很大的影响。林芝市年平均大风日数从林芝市西南部向东北部逐渐递减,西部米林市卧龙镇及朗县的年平均大风日数分别达到 138 d 和 135 d,西部工布江达县松多和金达镇分别为 84 d 和 83 d,工布江达县城为 39 d,米林市米瑞乡为 24 d,东北部通麦及色季拉生态站、东部察隅县及下察隅年平均大风日数为 0。

通过统计林芝市 39 个站有资料以来出现的大风日数,从中选取资料长度一致,出现大风日数最多的朗县、工布江达、米瑞、卧龙、松多及金达 6 个代表性的站点,分析这 6 个站点的大风日数月际变化。由图 2-8 可知,6 个代表站的大风日数月际变化的总体特征基本一致,呈现双峰形,一个峰值在 2—3 月,另一个峰值在 11—12 月,冬季风最大,夏季风最小。

改则县隶属西藏自治区,位于西藏阿里地区东部、藏北高原腹地,地理坐标处于东经 81°59′~86°00′、北纬 31°30′~35°40′。改则县是阿里地区面积最大的一个纯牧业县,约占阿里地区总面积的 30%。牧业受气候变化的影响很大。改则县属高原亚寒干旱高原季风

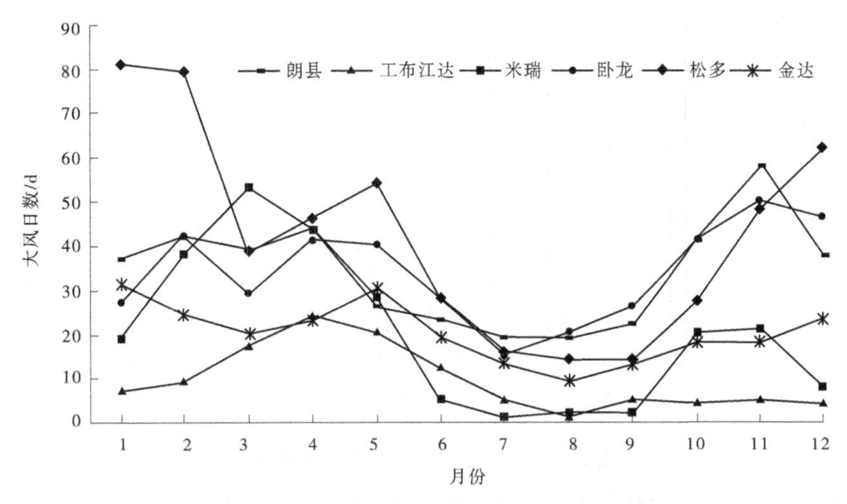

图 2-8　林芝市 6 个代表站点的大风日数月际变化

型气候,干旱,昼夜温差大,日照时间长,多大风天气。几乎每年均会因为不同程度的大风天气而给当地群众的正常生产生活带来不利影响。本书资料主要来源于改则县气象站 2011—2018 年的大风观测资料。中国气象局规定,瞬时风速达到或超过 17 m/s(或目测估计风力达到或超过 8 级)的风为大风。有大风出现的 1 天记作 1 个大风日。季节的划分主要采取的为常规的划分标准:3—5 月划分为春季,6—8 月划分为夏季,9—11 月划分为秋季,12 月至翌年 2 月划分为冬季。

从月变化分析来看,经过统计分析 2011—2018 年改则县逐月累计大风日数可知,改则县每个月均会出现大风天气,大部分出现于 12 月至翌年 4 月,该时间段累计出现大风日数 269 d,占 2011—2018 年累计大风日数的 69. 0%;累计大风日数出现最多的月份为 2 月,累计出现大风日数 79 d,占 20. 3%;累计大风日数出现最少的月份为 8 月,累计出现 0 d(见图 2-9)。从季节上分析可知,近 8 年来改则县春季、夏季、秋季、冬季累计大风日数分别为 129 d、56 d、39 d、166 d,分别占年累计大风日数的 33. 1%、14. 4%、10. 0%、42. 5%。由此不难看出,改则县大风日数出现频率最高的季节为冬季,春季次之,夏季较少,出现频率最小的为秋季。

在干旱气候和大风天气的综合影响下,高原西北部的柴达木盆地及周边常年遭受沙尘暴的侵袭。据统计,青藏高原西部的沙尘暴天气年累计 12 d 以上,青海柴达木盆地南部、青海湖北部等地超过 10 d,其余地区 5 d 以下。沙尘暴刮起表土,加剧土地沙漠化,使沙丘移动,造成土壤干旱、有机物减少、质量下降,给人、畜、作物和土壤带来危害,经济损失严重。

青藏高原河江发育,多条河流由此发源。又有恒河、印度河等由此流出国境,众多大江大河上游的分支水系如蜘蛛网布满整个青藏高原。长江以各拉丹冬峰西南坡为源,源头在青海省海西州的水晶矿村西南,全长 6 397 km,流域范围约 180×10^4 km^2,上游水系是尕尔曲,汇入当曲后称通天河,出玉树市称金沙江。黄河从约古宗列山北坡源起,源头在曲麻莱县城北,流程达 5 464 km,流域面积约 75.2×10^4 km^2,上游水系为卡日曲,主要

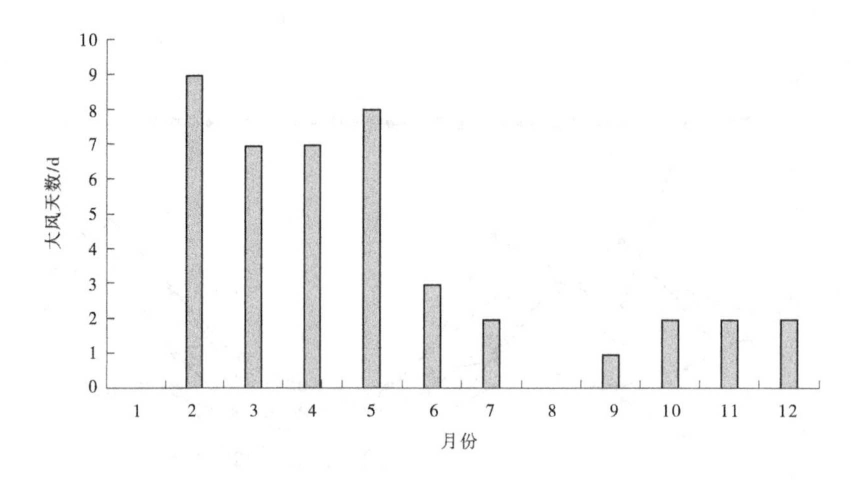

图 2-9 改则地区大风天数月际变化

支流包括湟水和通天河。澜沧江于中国青海省的唐古拉山东北部发祥,源头位于杂多县城西北,上游水系是扎曲,从昌都市出来以后称澜沧江。澜沧江干流长度为 4 880 km,流域面积 $81×10^4$ km^2。雅鲁藏布江流域内海拔在 4 500 m 以上,源于杰马央宗冰川,在西藏境内长度为 2 057 km,流域范围超 $24×10^4$ km^2。狮泉河经阿里地区西部边界宁达列县流入克什米尔。怒江在缅甸境内为萨尔温江,中国部分长 2 013 km。高原内还有很多内流河流向盆地,形成向心状水系。河流特点是流程短、季较差大,为间歇性河流。四级河流计 138 条,长度为 $10.9×10^4$ km,原数据库 133 条,新增 5 条,长度为 31 km。五级河流新增 121 条,总长约 37 km;目前共 506 条,总长约 3 586 km。二级及以上延伸 18 条,延伸长度约 19 km。

青藏高原湖泊众多,是我国湖泊点密度最大的地区。湖泊的形成受新、旧构造运动控制,呈现出不同的形状和走向。结合前人考察与遥感分析,发现构造湖主要分布在断裂带控制的断陷盆地内,热喀斯特湖主要分布在较为平坦的高平原内,冰川湖主要分布在海拔较高山峡谷的冰川发育区。青藏高原湖泊中湖盆深而陡的构造湖面积较大,如区内的青海湖、纳木错、玛旁雍错等都是构造湖。堰塞湖是由山体滑坡堵塞河床而形成的湖泊,主要分布在高原边缘海拔相对较低的藏东南高山峡谷。热喀斯特湖是广泛分布于多年冻土区的热喀斯特现象中的一种。湖泊的发育受地形、气候、构造等多种因素的影响,从而会表现出区域分布差异。

冻土和冰川被称为“固体水库”。根据 2017 年青藏高原冻土数据,多年冻土区、季节冻土区和非冻土区各占总面积的 41.62%、57.23%、1.15%。青藏高原冰川集布在昆仑山等巨大山峰四周,还有发射状地分布着复式或树枝状山谷型冰川和高原冰帽。区内冰川类型可分为大陆性冰川和海洋性冰川。大陆性冰川温度一般在-7 ℃,年均变化小,主要分布在青藏高原降水量缺少的山区等。海洋性冰川也主要受降水影响,主要分布在降水较充足的区域。据 2010 年姚檀栋等总结近百年来青藏高原冰川变化,将其分为 5 个阶段(见表 2-1)。

表2-1　近百年青藏高原冰川变化

阶段	时间	特征
阶段一	1950年以前	冰川前进期
阶段二	1950—1960年	冰川出现大规模(约占2/3)的消退
阶段三	1960—1970年	冰川物质增大
阶段四	20世纪80年代	冰川退化明显加速
阶段五	20世纪90年代以来	冰川强退化

本书2018年冰川数据是采用Landsat 8-OLI和环境卫星HJ1A/1B多光谱数据基于监督分类和目视解译相结合方法获得的。本书主要选用云量较少的2018—2019年10—12月的遥感数据,若数据质量不达标则用2017年的对应月份,其中2018年遥感数据占86%,数据的空间分辨率为30 m。本书采用先监督分类后目视判定的方法,降低了云、阴影和季节性积雪的影响。

根据1976—2018年冰川面积及变化的空间位置来看,不同区域冰川退化的速度不同,可以发现青藏高原的东南边缘山区冰川有严重消退现象,从东南边缘到高原的腹地区域,冰川退缩速度减小。具体来看,以前冰川存在的地方,现在有的变成冰川湖或冰碛湖,有的则完全消退。较为显著的区域主要在青藏高原的东南边缘,现发育着大量的冰川湖(见图2-10)。

图2-10　青藏高原冰川

2.3　地形地貌

青藏高原,一个最低纬度、最大面积、最高海拔、最年轻的巨型独特地貌单元,是印度板块与欧亚板块俯冲和碰撞的产物。历史上青藏高原经历了多次的隆起和抬升,且现在还在缓慢隆升。肖序常提出青藏高原的隆起有着时、空不均一特性,是多层次、多阶段、多因素形成的。一系列的古生物证据、沉积学证据、古地貌和岩溶证据、古地磁证据证实了这一观点。

2009 年科学出版社出版了《中华人民共和国地貌图集(1∶100 万)》将中国地貌类型划分为 26 小类。本书结合青藏高原的实际情况,将 26 小类整合成 7 大类,分别为平原、台地、丘陵、小起伏山地、中起伏山地、大起伏山地和极大起伏山地,根据地貌类型的划分,算出青藏高原地貌类型依次占比分别为 18.83%、9.23%、11.28%、14.74%、24.45%、20.03%、1.45%,山地占总面积的 60.86%,决定了青藏高原以山地为主的地貌。

青藏高原是地球上最年轻的、最高的一级地貌台阶,既有气势磅礴的崇山峻岭,又有绵延起伏的低山丘陵与宽谷盆地组成的高原台面;既有横亘东西的干燥柴达木盆地,又有碧波万顷的青海湖。高原周边切割强烈,地形破碎,最大高差多达 6 000 m。青藏高原在抬升的过程中饱受一系列的地质作用,不仅孕育了万水千山,还促使形成了许多大规模的高原和盆地。川西北高原地貌从东南的山原向西北的丘原过渡,气候湿润,高寒草甸是本区的优势种。羌塘高原是青藏高原的重要组成部分,面积较大,区域北抵昆仑山,南至念青唐古拉山,由于本区气候以干寒为主,分布着众多的盐湖和咸水湖,河流流程短,水宽较小。

青藏高原另一典型特点是“盆中有盆、盆盆相连”。其中,最著名的为中国地势最高的柴达木盆地,面积约 24×10^4 km^2,是四面环山包围的断陷型盆地。柴达木盆地地势较为平坦,受干旱气候影响,地势呈中间低、两侧渐高的环状分布。青海湖盆地地处青藏高原的东北部,盆地面积约 7 300 km^2。内部也分布着较小盆地:定日、吉隆、定结、哲古错等。

综上所述,辽阔无垠的青藏高原的整体地貌是以山地为主的高原地形,还有卓越多姿的地貌,包括冰盖、冰舌、冰帽、冰蚀地貌等,组成各种各样的冰川地貌、风成地貌、沙漠地貌、流水地貌、岩溶地貌、湖泊地貌(见图 2-11~图 2-15)。

图 2-11　青藏高原沙漠地貌

图 2-12　青藏高原岩溶地貌(天峻石林)

图 2-13　青海冷湖

图 2-14　可可西里错达日玛湖

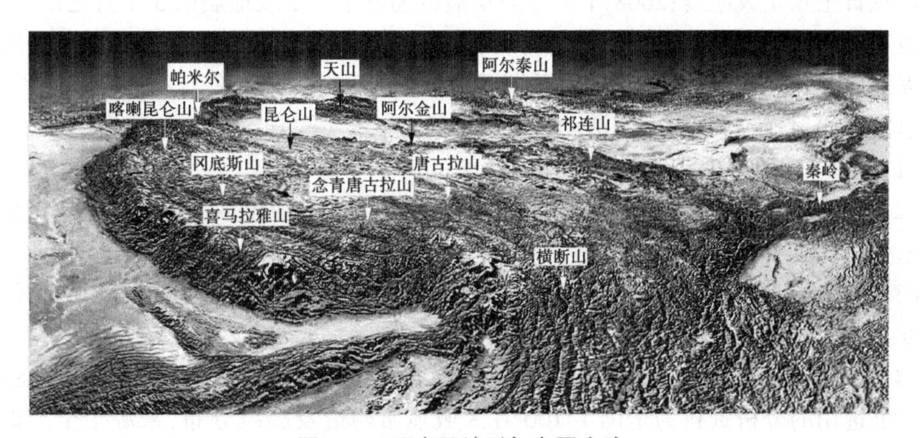

图 2-15　研究区地形与主要山脉

2.4　地质构造和新构造运动

青藏高原历经漫长、庞杂的地质演化历史，区内断裂极其发育，岩石剧烈破碎，是地球上六大圈层相互作用最为强烈的地区。古近纪时期，印度板块和欧亚板块相互碰撞，之后印度板块向北持续撞向更大的大陆，由此诞生了青藏高原以及喀喇昆仑山脉和喜马拉雅山脉。2 个巨型“M”的构造以喜马拉雅和帕米尔为界，为青藏高原北部的阿尔金—康西瓦断裂和南部的喀喇—雅鲁藏布断裂的形成奠定了基础。中国地壳运动观测网络的 GPS 测量结果证明：青藏高原强烈的构造作用仍在继续。活动性极强的走滑断层、剪切带以及拉分盆地，对青藏高原的水文情况具有绝对的控制作用。

青藏高原的地质构造带主要包括祁连—柴达木、昆仑、巴颜喀拉、冈底斯、喜马拉雅、羌塘—昌都 6 条。各构造带之间被蛇绿混杂岩所代表的缝合带隔开，大致以龙木措—金沙江缝合带为界。高原北面的祁连—柴达木、昆仑、巴颜喀拉构造带等属于欧亚古陆南缘的构造带，在早中元古代结晶基底上，发育了早古生代优地槽，加里东运动使地槽回返，形成褶皱基底，晚古生代转化为稳定的盖层。

青藏高原地区是世界上发生大陆内地震的主要地区，不仅地震强度大、频率高，而且活动规律强。十分强烈的地震活动体现了现代构造活动的活性，高原四周都是逆冲事件，内部散布着拉张性的地震活动，这一地震活动规律表明，高原的隆升是现今青藏地区地质构造活动的主要形式和地震活动的背景。此外，青藏高原南部位于板块碰撞边界，但近代地震活动并不强烈。

青藏高原是我国现代地震最强烈的地区，强震往往以平静和活跃状态相互交替。总结发现青藏高原西北区发生的中强震是随着青藏高原周边的主要断裂带大震的发生而发生的。1920 年的新疆策勒发生 6.7 级地震两个月之后，海原 8.3 级地震发生；1926 年策勒再次发生 6.3 级地震的 9 个月后，甘肃古浪 7.8 级地震发生；1937 年都兰发生 7.8 级地震之后不到一年，和田 6.4 级地震发生；1946 年的缅甸文多发生 8.0 级地震两个月后，发生了西藏日土 6.4 级地震；2008 年 4 月的新疆策勒发生 7.2 级地震的 5 个月之后，四川汶川大地震发生。构造应力场的空间差异性使得青藏高原的大震主要分布在块体边缘。据马玉虎等研究发现，青藏高原强震活跃期已在 2016 年结束，目前处于平静期。

总体来说，青藏高原的地震活动呈现以下特点：

（1）分布面积广，并且时有少量火山活动。

（2）地震活动强度高，截至 2020 年，青藏高原 7 级以上地震多达 40 余起，历史最高震级达 8.5 级。

（3）地震密集发生在青藏高原和天山两大特殊构造区，壳内强震活动基本上位于地壳厚度大于 35 km 的地区。

（4）帕米尔—兴都库什地区是一个中深源的地震活动中心，最大震源深度约 383 km。

本书选用的分析资料为全国 1:100 万区域地质构造及震级分布，来源于全国地质资料馆。青藏高原 GPS 运动速率和方向数据来源于中国地壳运动观测网络。

2.5　地下水

青藏高原地下水资源丰富，区内主要涉及的西藏自治区、青海省、四川省地下水资源总量分别为 1 105.7×10^8 m^3、424.2×10^8 m^3、635.1×10^8 m^3。青藏高原地下水的存储意义重大，对区域内牧业、种植业、制造业和生态系统的维护极为重要，也直接关系着雅鲁藏布江、长江、黄河、怒江等重要大江大河的补给，对促进区域的经济发展具有重要价值。青藏高原的地下水研究对探明本区的地下水资源本底数据和缓解旱季的缺水状态有着切实的实际意义，还为合理利用和管理地下水资源、改善本区的生产生活环境、提高生态环境质量、增进社会经济可持续发展提供支持。王绍令等利用氚同位素定位的方法推断地下水的循环规律，结果表明埋藏越深，水体循环越慢。南卓铜等结合遥感数据和扩展地面冻结数模型，得出多年冻土深度从 30 m 到 50 m 不等，明确指出多年冻土深度的下限就是地下水的上限。郭凤清等将地下水分为两类，并指出由冰雪融水和大气降水为补给源的地下水，水位较浅、水循环快、水污染小。但随着季节冻土和多年冻土消退，青藏高原地下水径流失稳、埋深越来越大、循环周期也越来越长、水质也越来越差。地层内生水是指高温灼烧岩石时岩石结晶而产生的地下水，这种地下水水质一般较差且循环慢。2003—2009 年间，青藏高原及周边地下水储量增长速率为(186±48)亿 m^3/a。汪汉江发现首次呈增加的区域包括金沙江流域、三江源流域、柴达木盆地、印度河的上游流域和阿克苏流域及羌塘自然保护区中部。这些区域地下水增长主要得益于冰川融化、冻土退化及三江源区实施的生态保护和建设项目。张建云等基于第二次科考得出青藏高原地下水的最新状态，青藏高原区域的西藏自治区地下水储量为 1 105.7 亿 m^3，青海省地下水储量为 424.2 亿 m^3，四川省地下水总储量为 635.1 亿 m^3。随着气候的变暖，喜马拉雅山的大部分冰川、积雪和多年冻土的全面加速融化，在此基础上，未来地下水在高海拔源区补给充分，加上青藏高原的地下水有着非常深的储存和深循环的特点，使得地下水挟带着更多的热能冲击地表的多年冻土。多年冻土层的消融使得地表水和地下水之间的隔断逐渐消失，地下水和地表水的交换将更为频繁。因此，补给将会增加，高海拔区域的地下水在不增加开采的基础上，青藏高原未来的地下水存储量会越来越大。

总而言之，青藏高原地区地下水资源丰富，并且随着气候变暖，地下水资源呈现总体增加的趋势，增加的主要原因为喜马拉雅山脉的大部分冰川、积雪和多年冻土的消融，以及三江源区生态保护和建设项目的实施。但是，青藏高原周边的国家对地下水资源不合理的开发导致地下水资源将面临减少的趋势。

2.6　植被及土壤概况

青藏高原植物种类丰富，仅高等种子植物种类就超过 1 万种。由于植被和生存环境的相互牵制，导致植被类型的分布存在着明显的区域性。整体来说，西北少、东南多，从东南向西北明显递减。按分布的种类来看，有针叶林、阔叶林、灌丛、高寒草甸、草原、抗旱耐盐的荒漠植被、高原植被、高原独有植物品种，如耐寒抗旱的青稞、固沙草和各种垫状植物。整个青藏高原植被类型包括三大类,分别为草木类、灌木类和乔木类。空间上,从西北的草甸过渡到东南的森林;其中占比最大的为草原和草甸,且青藏高原中部地区最多。由于受局部小气候影响,中西部以草原为主,中东部以草甸为主(见图 2-16~图 2-19)。灌木类主要分布在青藏高原东南部,而荒漠植被主要在北部的柴达木盆地。高山植被分布散落且主要分布在地势较高的山地上。甘藏南部和东南部地区气温较高,降水量较丰足的地方多分布着高大的乔木。李斌统计了青藏高原植被类型的占比:草原占 30.08%,草甸占 28.12%,高山植被占 12.13%,灌丛占 11.13%,荒漠植被占 9.52%,针叶林占 5.49%,阔叶林占 2.53%,栽培植物占 0.63%,沼泽植被占 0.23%,草丛占 0.1%,针叶阔叶混合林占 0.04%,可看出草甸和草原在青藏高原植被类型中占比近 60%。

图 2-16 可可西里草甸

图 2-17 青海金银滩草原

图 2-18 诺尔盖沼泽植被

图 2-19 青藏高原原始森林

青藏高原的土壤形成于高原抬升以后,后经物化生作用和气候的反复综合作用。由于青藏高原地广人稀,人为方面的影响甚小。根据土壤类型的划分及空间地带性之间的关系,青藏高原东西纵线分布为黄壤、褐土、棕壤土、高山土。具体来讲,黄壤、砖红壤和黄棕壤主要分布在喜马拉雅山下游及南部的峡谷区和山地;海拔较高的区域则为高山土,包括草原土、草甸土和寒漠土;横断山至林芝境内主要是暗棕壤,海拔较高区域为高山草甸及高山漠土;在干热的三江源谷地区域,主要是褐土;其他高海拔集中的较平坦区域,在气候的影响下主要为高山漠土和高山草甸土。高山草甸土(见图 2-20)分布的区域地势较平缓,容易获得地下水的补给,土壤水分较高,适宜草甸植物的生长,为高原牧民提供了较好的畜牧场地。

图 2-20　青藏高原高山草甸土

全国 1:400 万分类土壤类型分布图采用了中国土壤系统分类 247 个亚类标准，本书将青藏高原区域 99 个亚类概括为 17 个土壤发生类型，包括栗钙土、棕壤土、棕钙土、灰棕壤土、砖红壤土、红壤土、荒漠土、褐土、赤红壤土、高山漠土、高山草甸土、黄壤土、黄棕壤土、黑垆土、黑钙土、冰潜育土和盐壳。根据土壤类型面积统计得出，高山漠土面积最大，占总面积的 71. 613%，高山草甸土占总面积的 4. 741%；面积最少的为黑垆土，占比为 0. 008%，然后为砖红壤土，占比为 0. 011%（见表 2-2）。

表 2-2　青藏高原土壤发生类型统计

土壤发生类型	面积/km^2	占比/%
黑垆土	216. 63	0. 008
砖红壤土	279. 81	0. 011
红壤土	5 861. 46	0. 227
赤红壤土	13 912. 53	0. 540
黄壤土	23 688. 57	0. 919
黄棕壤土	28 263. 2	1. 096
栗钙土	29 699. 98	1. 152
棕钙土	30 397. 78	1. 179
黑钙土	30 675. 7	1. 190

续表 2-2

土壤发生类型	面积/km²	占比/%
棕壤土	44 323. 76	1. 719
盐壳	55 605. 34	2. 157
褐土	73 388. 97	2. 847
灰棕壤土	87 545. 15	3. 396
荒漠土	92 081. 08	3. 572
冰潜育土	93 670. 28	3. 633
高山草甸土	122 221. 54	4. 741
高山漠土	1 846 176. 4	71. 613

青藏高原是中纬度地区海拔最高、面积最大的多年冻土分布区,受多年冻土和强烈冻融作用的影响,土壤独有的特征,具体表现为海拔高、下垫面相对单一、低温、伴有多年冻土发育。李旺平等采用国际通用的美国土壤分类系统对多年冻土进行研究,得出的结论为青藏高原多年冻土区以寒冻土和雏形土为主,分别占总面积的 34%和 28%,且母质为本区域土壤类型的主控因子。在高原西部,以寒冻土、雏形土和干旱土为主,分别占多年冻土区总面积的 43%、30%和 17%;在高原东部,土壤主要以寒冻土、均腐土和雏形土为主,分别占多年冻土区总面积的 27%、26%和 25%。

极地、亚极地地区和中低纬的高山、高原地区在较强的大陆性气候条件下,气温极低,降水量很少,地表没有积雪,形成 0 ℃或 0 ℃以下并含有冰的冻结土层,称为冻土。冻土随季节变化而发生周期性的融冻,如果冬季土层冻结,夏季全部融化,叫季节冻土;如多年处于冻结状态的土层,或至少连续 3 年处于冻结状态的土层,称为多年冻土。冻土层的厚度从高纬到低纬逐渐变薄,直至完全消失。例如,北极的多年冻土厚达千米以上,年平均低温为-15 ℃。永冻层的顶面接近地面。向南,趋近连续冻土的南界,多年冻土厚度减到 100 m 以下,低温为-5~-3 ℃,永冻层的顶面埋藏变深。大致北纬 48°附近是多年冻土的南界,该处平均低温接近 0 ℃,冻土厚度仅 1~2 m。超过这一界限,就从连续冻土带过渡到不连续冻土带。后者由许多分散的冻土块体组成,这种分散的冻土块体称为岛状冻土块。中、低纬高山和高原地区的冻土层主要受海拔高度的控制。

多年冻土区的地貌形成与冻融作用直接相关。冻融作用是指冻土层中的水在气温周期性的正负变化影响下,不断发生相变和迁移,使土层反复冻结融化,导致土体或岩体发生破坏、扰动和移动的过程。由冻融作用形成的各种地貌,称冻土地貌。

昆仑山脉是横贯中国西部的高大山脉,位于青藏高原北缘,西起帕米尔高原东部,东到柴达木河上游谷地,是世界上最高的山脉之一,也是中国的主要山脉之一。昆仑山脉位于青藏高原北缘,东西长约 2 500 km,南北宽约 500 km,主峰为慕士塔格峰,海拔约 7 546 m。昆仑山的石海线是 4 900 m。石海线比同期雪线高度要低 200~300 m 或 400~500 m。石海线是一条重要的气候地貌界线,可大致确定古雪线的高度。石海即在寒冻风化作用下,岩石遭受寒冻崩解,形成巨石角砾,就地堆积在平坦的地面上而形成的。石海形成后,组成石海的大石块很少移动。同时,石海中又缺少细粒物质而水分较少,冻融分选难以进行,这样石海能长期保存下来。石海常在同一走向、同一岩性和一定高度的山坡上部发育,有一条平整的界限,称石海线,其形成条件:①气温经常在 0 ℃上下波动,日温差较大,并有一定湿度,使岩石沿节理反复寒冻崩解;②地形较平坦,地面坡度小于 10°,可使寒冻崩解的岩块不易顺坡移动而保存在原地;③坚硬而富有节理的块状岩石,如花岗岩、玄武岩和石英岩等,在寒冻作用下常崩解成大块岩块,得以保留在原地。

2.7　土地利用

土地利用格局反映自然条件和人们根据需求对土地管理的状态,是生态屏障的支撑,对青藏高原的环境和生态文明起着决定性作用,土地利用功能的发挥会给区域乃至全球带来显著的生态环境效应。

青藏高原纵横延伸,垂直结构变化与水平地带性变化紧密相关。在人为参与及自然环境的影响下,青藏高原的土地利用变化展现了明显的地域性。河湟谷地和"一江两河区"是青藏高原最适合人类居住的地区之一,这里人居集中,现代化明显,对土地利用的方式最复杂,导致本区生态景观破碎。在退耕还林还草等生态保护条例及西部大开发政策实施的推动下,本区的林地、建设用地和未利用地出现明显上升,而耕地面积巨减。1976—2011 年,拉萨地区湿地面积有所减少,耕地和植被覆盖度提高使生态环境质量上升,究其原因发现气候干燥、人类不合理开采使湿地面积萎缩;植树造林、草场恢复及游牧农民定居使林地植被增加。以畜牧业为主的藏北高原和三江源区,在保障和增强"亚洲水塔"核心功能和促进实施生态保护战略方面成绩斐然。2010 年,藏北高原中部、东部和北部的草地中重度退化、极重度退化之和达 58.2%。据 1980—2015 年三江源的土地利用转移矩阵得出,草地、水域、建设用地等面积呈波动增加趋势,未利用转换成其他地类出现减少趋势,林地基本稳定。由于对生态环境正向促进的草地和水域面积增大,所以本区的生态环境质量提高。珠穆朗玛峰是国家级自然保护区,发育着大面积的冰川和积雪。随着气温升高,冰川和积雪持续融化导致附近的湖泊和河流面积扩展并伴随着水位上升。2000—2018 年,保护区植被覆盖度总体增加近 50%,核心区增加最显著,说明受保护以后,生态系统明显好转。

青藏高原土地利用改变的驱动力是多种因素综合形成的,总体来说包括社会因素和自然因素。社会因素包括经济发展的差距、人口增加、技术创新、国家政策实施等;自然因素则包括区域地质环境、地形与地貌环境、气候环境、自然灾害等;往往在一定的条件下,社会因素产生效力大于自然因素。2020 年,青藏高原土地利用以草地占比最大,占总面积的 49.35%,并且高覆盖植被有显著的增加;未利用地占比为 32.75%,主要分布在青海省北中部,据青藏高原由东部温暖湿润向西北寒冷干旱递变的气候,植被也相应呈森林带、灌丛带、草原区、荒漠带依次更迭。2020 年青藏高原土地利用数据见表 2-3。

表 2-3　2020 年青藏高原土地利用数据

土地利用类型	面积/km^2	占比/%
耕地	20 605.85	0.79
林地	313 311.66	12.16
草地	1 271 694.81	49.35
水体	125 300.11	4.86
建设用地	2 215.5	0.09
未利用地	843 888.27	32.75

根据表 2-3 中数据及前人研究结果可知,在青藏高原区域内,草地是最主要的土地利用类型,其次是未利用地。未利用地主要分布在青藏高原的北部及西北部,耕地和建设用地分布集中,主要分布在青藏高原东北缘、河湟谷地和雅鲁藏布江谷地,林地因气候和地形的约束,主要分布在水热条件较好的藏南部、西南部、东南部。水体主要分布在青藏高原、藏南谷地、三江源地区、可可西里地区和柴达木盆地。近些年,随着经济、旅游业的发展,青藏高原地区建设用地发生剧烈变化,呈显著增长趋势;同时伴随着未利用地面积缩减。同时,随着气候变暖,降水量不同程度增加,青藏高原冰川面积萎缩,湖泊面积增加显著;随着国家政策的执行,像三江源自然保护区、青海湖自然保护区、退耕退牧还草、圈地保护的实施以及生态移民政策的下达,各地区积极响应国家生态文明建设和发展的号召,未利用地向草地转换,林地和草地也呈改善趋势。

2.8　生态环境

青藏高原自然地理条件险恶,高海拔和寒旱的气候条件及人类活动的综合影响下,造就了独特且脆弱的高原生态环境。由于西南季风和高原季风的作用,生态环境发生转折性的改变,结果使物种更替换新,其中包括众多青藏高原的特有动物和植物。目前,青藏高原野生动物种类多,其中野生哺乳动物就占全国总种数的一半以上(2019 年统计);其中约 10 种大型肉食性动物,在全球都是最多的地区。低等动物种类中,仅西藏自治区就有 450 余种水生单细胞动物、200 余种轮虫、60 余种鳃足类甲壳动物、2 340 余种昆虫。此外,整个青藏高原的湖泊和河流繁育了众多种类的鱼,其中裂腹鱼和条鳅鱼属于高原特有。青藏高原还生存着多种独有的珍稀国家级物种,如藏野驴、藏羚羊、雪雀等(见图 2-21、图 2-22)。在政府政策的支持下,青藏高原藏野驴数目持续增加。

青藏高原受地势结构、大气环流的影响,自东南向西北水热条件呈现暖湿-寒旱过渡,区域内属高寒荒漠区植被、高寒草甸和草原区类型,且自东向西呈现森林—草甸—草原—荒漠的地带性变化。青藏高原生长着许多名贵中草药材和适合高寒环境的优质牧

图 2-21　昆仑山前藏野驴

图 2-22　藏羚羊群

草,发展畜牧业具有天然优势。由于近几年气候暖湿化加上当地圈地放牧的实施,青藏高原的植被正在朝着低植被覆盖向中度植被覆盖和高植被覆盖方向发展。青藏高原东南部区域气候较湿润、降水较丰沛,适合乔木类植物生存,如东南部的阔叶林、江河上游的针叶林,在保持水土方面发挥着重要的作用。青藏高原特殊的环境培育了众多特有的灌丛,如杜鹃灌丛(见图 2-23)、香柏灌丛、盐生灌丛等,仅杜鹃花就有 600 余种,被赞称为"杜鹃花王国"。青藏高原高寒灌丛见图 2-24,青藏高原格尔木市红柳见图 2-25。

根据青藏高原的温度、水分、生物、地形地貌、土壤的组合类型,郑度等将青藏高原分为山地亚热带、高原亚寒带和高原温带。每个自然区的日均温、月均温及年干燥度、年降水量有着明显的差别,因此可维持着不同的生态系统。反之,这些生态系统也对环境有着一定的要求,一旦环境发生改变,就会造成生态系统的破坏,并且生态系统一旦破坏在短时间内很难恢复。

图 2-23　青藏高原杜鹃花

图 2-24　青藏高原高寒灌丛

青藏高原的“两屏三带”是生态安全战略格局的重要组成部分。青藏高原独特的生态屏障作用对我国乃至东南亚的水源涵养与水文调节起着重要作用,能降低沙尘对周边地区的危害程度。青藏高原也为高原特有生物种群提供栖息地,是珍稀野生动物的天然栖息地和高原物种的基因库。国家高度重视青藏高原生态环境的保护工作,随着《青藏高原区域生态建设与环境保护规划(2011—2030 年)》《全国生态保护与建设规划(2013—2020 年)》的发布,构建起国家战略高度对青藏高原环境区域规划的空间管理框架和生态环境保护的长效机制。2018 年,《青藏高原生态文明建设状况》白皮书发布,以生态文明制度、生态保育成效、生态环境质量、绿色产业发展、高原科技体系与生态文明为基点,系统地归纳了高原生态文件建设的目的、意义、成就和挑战,并将青藏高原生态文明建设纳入建设美丽中国的重要内容,借此加速了青藏高原国民经济各项产业的发展。

图 2-25　青藏高原格尔木市红柳

第 3 章　青藏高原湖泊类型及发育特征

3.1　遥感数据的选取与预处理

为满足长时间序列、易获取、分辨率较高等需求，本书选用的遥感数据主要为 Landsat 系列影像。Landsat，美国陆地资源卫星，由美国国家航空航天局(NASA)和美国地质调查局(USGS)共同经营管理。第一颗于 1972 年发射，目前已经成功发射了 7 颗卫星，在监测全球资源、环境、生态、自然灾害等方面有着较高的精度，被广泛认可。

Landsat 卫星系列影像下载网址主要包括美国和国内：①USGS，来源于美国；②NASA，来源于美国；③地理空间数据云，来源于中国科学院。由于本书数据量较大，下载数据以国内网站为主，以 NASA 为补充数据。

其中，Landsat 1~3 的传感器均为多光谱成像仪 MSS，含 4 个波段，波长范围为 0.5~1.1 μm，2 个为可见光波段(绿波、红波)，两个为红外波段(近红外和短红外)(见表 3-1、表 3-2)。Landsat 4~5 卫星携带的专题制图仪(TM)和多光谱成像仪(MSS)运行长达 28 年，获得了海量的高质数据(见表 3-3)。NASA 于 1999 年 4 月发射了 Landsat 7，传感器为增强型专题制图仪(ETM+)(见表 3-4)。其与 Landsat 5 相比，在保持同样光谱特性外，还增添了一些新的功能。Landast 7 在 2003 年 5 月出现重叠数据和无数据故障，重叠数据可用 SLC-off 修正部分数据。Landsat 8 也由 NASA 发射于 2013 年 2 月(见表 3-5)，与 Landsat 7 相比较，有 4 个方面的改进：第一，扫描范围更宽，南北向扫描范围调整为 183 km；第二，将 Band 5 的波段长调整为 0.845~0.885 μm，摒弃了 0.825 μm 波段处水汽吸收特征；第三，Band 8 全色波段变窄，便于确定植被区、非植被区的光谱阈值；第四，新增 2 个波段分别为蓝波 Band 1 和红外波 Band 9，Band 1、Band 9 波长分别为 0.43~0.45 μm(海蓝波段，主要应用海岸带观测)、1.36~1.38 μm(卷云波段)，包含水汽强吸收特征，在云监测方面有独特的优势。

表 3-1　Landsat 系列卫星参数

Landsat 系列	起止时间	传感器类型	空间分辨率/m	波段数/个
Landsat 1	1972 年 7 月至 1978 年 1 月	MSS	80	4
Landsat 2	1975 年 1 月至 1983 年 7 月	MSS	80	4
Landsat 3	1978 年 3 月至 1983 年 9 月	MSS	80	4
Landsat 4	1982 年 7 月至 1993 年 12 月	MSS/TM	80/30	4/7
Landsat 5	1984 年 3 月至 2013 年 1 月	MSS /TM	80/30	4/7
Landsat 7	1999 年 4 月至今	ETM+	30	8
Landsat 8	2013 年 2 月至今	OLI	30	9

表3-2　Landsat 4 MSS 波段参数

传感器类型	波段	波长/μm	空间分辨率/m	适用说明
MSS	Band 4 绿色波	0.5~0.6	80	浅水地形、近海海水泥沙
	Band 5 红色波	0.6~0.7	80	道路、植被
	Band 6 近红外	0.7~0.8	80	植物虫害、水路分界
	Band 7 短红外	0.8~1.1	80	生物量估算、农作物长势监测、水路分界、地质研究

表3-3　Landsat 4~5 TM 波段参数

传感器类型	波段	波长/μm	空间分辨率/m	适用说明
TM	Band 1 蓝绿波	0.45~0.52	30	分辨土壤植被
	Band 2 绿色波	0.52~0.6	30	分辨植被
	Band 3 红色波	0.63~0.69	30	分辨道路、裸土、植被
	Band 4 近红外	0.76~0.9	30	估算生物量
	Band 5 短红外	1.55~1.75	30	分辨道路、裸土、水体
	Band 7 短红外	10.4~12.5	30	分辨岩石、矿物
	Band 6 热红外	2.08~2.35	120	分辨热辐射目标

表3-4　Landsat 7 ETM+波段参数

传感器类型	波段	波长/μm	空间分辨率/m	适用说明
ETM+	Band 1 蓝绿波	0.45~0.52	30	分辨土壤植被
	Band 2 绿色波	0.52~0.6	30	分辨植被
	Band 3 红色波	0.63~0.69	30	分辨道路、裸露土壤、植被
	Band 4 近红外	0.76~0.9	30	估算生物数量
	Band 5 短红外 1	1.55~1.75	30	分辨道路、裸土、水体
	Band 7 短红外 2	2.09~2.35	30	分辨岩石、矿物
	Band 8 全色波	0.52~0.9	15	用于增强分辨率
	Band 6 热红外	10.4~12.5	60	分辨热辐射目标

基于时间序列和数据精度控制，本书所选取的 landsat 5 TM 产品是未经过几何校正的，Landsat 8 产品都是 Landsat Collections 1 的 Level 1T 的产品，该数据集下的产品都是经过地面控制点（地面控制点库：Global Land Survey 2005，GLS2005）几何校正处理的，并且还通过高程数据源进行了地形校正。在保证影像数据全覆盖的情况下，尽量选择云量在10%以下的。数据需要几何校正—辐射定标—大气校正—影像裁剪等预处理步骤。遥感图像辐射校正的数据流程见图3-1。

表 3-5 Landsat 8 OLI 波段参数

传感器	波段	波长/μm	信噪比	空间分辨率/m	适用说明
OLI	Band 1-海蓝波	0.43~0.45	130	30	海岸带环境监测
	Band 2-蓝色波	0.45~0.51	130	30	可见光三波段 真彩色用于识别地物
	Band 3-绿色波	0.53~0.59	100	30	
	Band 4-红色波	0.64~0.67	90	30	
	Band 5-近红外	0.85~0.88	90	30	植被信息提取
	Band 6-短红外 1	1.57~1.65	100	30	植被旱情监测、 火情监测
	Band 7-短红外 2	2.11~2.29	100	30	
	Band 8-全色波	0.5~0.68	80	15	地物识别、数据融合
	Band 9-卷云波	1.36~1.38	50	30	卷云监测

3.1.1 几何校正

3.1.1.1 几何畸变的原因

(1)传感器内部因素:包括由透镜、探测元件、采样速率、扫描镜等引起的畸变。

(2)遥感平台因素:包括由平台的高度、速度、轨道偏移及姿态变化引起的图像畸变。

(3)地球因素:地球自转、地形起伏、地球曲率等。

此外,大气折射和投影方式的选择也会造成图像畸变。

3.1.1.2 几何畸变的类型

按照畸变的性质,可以将几何畸变分为系统性畸变(由内部原因造成)和随机性畸变(由外部原因造成)。系统性畸变是指遥感系统造成的畸变,这种畸变一般有一定的规律性,并且其畸变程度事先能够预测,如扫描镜的结构方式和扫描速度等造成的畸变。随机性畸变是指大小不能预测,其出现带有随机性质的畸变,如地形起伏造成的随地而异的几何偏差。

3.1.1.3 几何校正的类型

遥感图像的几何校正分为两种:几何粗校正和几何精校正。

几何粗校正是根据产生畸变的原因,利用空间位置变化关系,采用计算公式和取得的辅助参数进行的校正,又称为系统几何校正。

几何精校正是指利用地面控制点做的精密校正。几何精校正不考虑引起畸变的原因,直接利用地面控制点建立起像元坐标与目标物地理坐标之间的数学模型,实现不同坐标系统中像元位置的变换。

3.1.1.4 几何校正的过程

几何校正涉及两个过程:一是空间位置(像元坐标)的变换;二是像元灰度值的重新计算(重采样)。

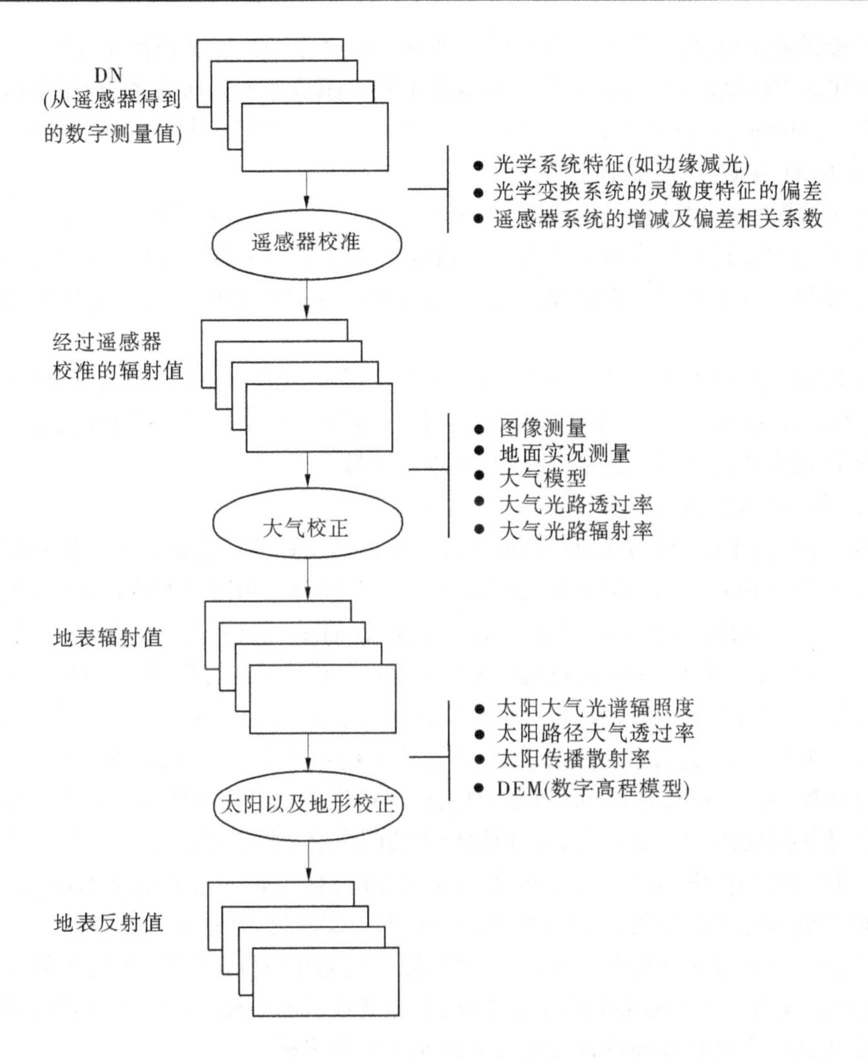

图 3-1　遥感图像辐射校正的数据流程

1. 像元坐标变换方法

(1)直接法:从原始图像阵列出发,依次计算每个像元在输出图像(校正后图像)中的坐标。直接法输出的不改变像元值,但会影响图像中的像元均匀分布。

(2)间接法:从输出图像(空白图像)阵列出发,依次计算每个像元在原始图像中的位置,然后计算原始图像该位置的像元值,再将计算的像元值赋予输出图像像元。此方法能保证校正后图像的像元在空间上均匀分布,但需要进行灰度的重采样,是最常用的几何校正方法。

(3)线性变换:通过平移和各向异性尺度参数化的简单变换。

(4)赫尔默特(仿射变换):二维 helmert 变换,由各向同性比例、旋转角度和平移参数化。

(5)多项式模型:这个模型比较简单,回避了遥感影像的成像过程,适用于覆盖面积不大和地形比较平坦的区域。

(6)薄板样条模型:投影变换(单性变换、透视变换),平面投影变换由单应性表示。

(7)共线方程模型(卫星传感器模型):依据卫星遥感成像的几何关系,利用摄影测量学中成像瞬间的地面点、透视中心以及相应的像素点三点共线建立起来的一种模型,但是此模型需要 DEM 数据,优点是精度比较高。

(8)有理函数模型(RPM):建立像素和地面位置对应关系的简单数学模型。理论上可以达到跟严格卫星传感器模型相当的定位精度。其优点在于多项式包含高程信息,可以提高校正精度。这个模型自带高程信息,一般需要影像提供 RPC 文件或者用户自己选择地面控制点。

(9)局部区域校正模型(局部三角网):这个模型的基本思想是利用控制点建立不规则三角网,然后分区域利用几何多项式校正,但是这种模型需要很多的控制点,对于地形起伏很大的区域需要的控制点更多,往往实施难度比较大。

2. RBF 神经网络校正

BPF 神经网络:坐标变换方法参考 QGIS 配准工具的坐标变换方法。卫星传感器模型应该是卫星中心常用的模型;仿射变换、有理函数模型与局部三角网是 ENVI 中实现的几何校正方法。其中:①相似变换,是仿射变换的一种特殊(简单)的情况;②透视变换,仿射变换后平行四边形的各边仍保持平行,透视变换结果允许是梯形等四边形,所以仿射变换是透视变换的子集,二维 helmert 变换应该是仿射变换;③坐标变换,地面控制点的选择。地面控制点需在图像上有明显的、清晰的识别标志,如道路交叉点、建筑边界、农田界线、飞机场、城廓线等。地面控制点上的地物不随时间而变化,以保证当两幅不同时间的图像或地图几何校正时,可以同时识别出来。在没有做过地形校正的图像上选择控制点时,应在同一地形高度上进行。地面控制点应当均匀地分布在整幅图像内,且要有一定的数量保证[大于多项式校正模型的未知参数个数,n 次多项式控制点的最少数目为$(n+1)(n+2)/2$]。

几何校正一般通过均方根误差 RMS 来观察控制点的几何校正精度,单位为像元。其中,控制点是输入的参考坐标系中的原始坐标,和是变换后的坐标。已知几何信息的几何校正通过输入几何文件和地理位置查找表文件来实现重采样。

图像数据经过坐标变换之后,像元中心位置通常会发生变化,其在原始图像中的位置不一定是整数的行列号,因此需要根据输出图像每个像元在原始图像中的位置,对原始图像按一定规则进行重采样,通过对栅格值进行重新计算,建立新的栅格矩阵。重采样就是根据原始图像的像元信息内插为新的像元值。数字图像灰度值最常用的重采样方法有最近邻法、双线性内插法和三次卷积法。

3. 几何校正的步骤

几何校正不需要空间位置变化数据,回避了成像的空间几何过程,主要借助地面控制点实现校正。其主要校正步骤如下:①对畸变图像和基准图像建立统一的坐标系和地图投影;选择地面控制点(ground control point,GCP),按照 GCP 选择原则,在畸变图像和基准图像上寻找相同位置的地面控制点对;②选择校正模型,利用选择的 GCP 数据求取校正模型的参数,然后利用校正模型实现畸变图像和基准图像之间的像元坐标变换。选择合适的重采样方法对畸变图像的输出图像像元进行灰度赋值。

4. 几何校正的精度分析

正射校正不仅能够实现常规的几何校正功能,还能通过测量高程点和 DEM 来消除地形起伏引起的图像几何畸变,提高图像的几何精度。正射校正的图像具有精确的空间位置,全幅图像具有统一的比例尺,称为数字正射影像。

常用的正射校正方法很多,主要包括严格物理模型和通用经验模型两种。严格物理模型是通过利用图像与地面之间的严格几何成像关系而建立的,其参数具有明确的物理意义,如传感器的轨道参数和姿态参数。用经验模型不考虑图像成像的物理过程,不需要传感器的内外方位元素数据,直接采用数学函数建立地面控制点和对应像元之间的几何关系。

所谓几何校正,指在成像期间,飞行器受上升、下降、飞行模式、高度、速度、地球自转和传感器内部因素及遥感平台因素(摄影材料变形)等多种综合因素的影响,导致原始图像几何畸变,采用合适的数学变换关系,针对几何畸变进行改正和消除遥感影像成像时,因摄影材料变形、物镜畸变、大气折光、地球曲率、地球自转、地形起伏等因素导致的原始图像上各地物的几何位置、形状、尺寸、方位等特征在参数系统中表达要求不一致时产生的变形。在遥感专业中,针对畸变起因和校正的项目,将几何校正分为粗校正和精校正。几何粗校正指的是针对引起畸变原因而进行的校正。几何粗校正一般是收到遥感数据后,由数据管理方统一校正,可消除误差原因产生的影像变形。几何精校正指的是利用控制点进行的几何校正,它是用一种数学模型来近似描述遥感图像的几何畸变过程,并利用畸变的遥感图像与标准地图之间的一些对应点求得这个几何畸变模型,然后利用此模型进行几何畸变的校正,不考虑导致畸变的原因。几何精校正非统一操作的,需结合数据使用的目的调整投影类型和比例尺大小,再选择地面控制点校正。几何精校正主要是降低随机误差,选用合适的数学模型和 GCP,将像素坐标和像素亮度值分别变化和重采样。其数学原理就是给定一组 GCP(4~6 个),将这组 GCP 按照需要的投影类型调整备用;找出需要校正图像的对应点,逐个对应到 GCP 中去,变换关系见式(3-1)。

$$\begin{cases}\zeta = p(e,n)\\ \eta = q(e,n)\end{cases} \quad 或 \quad \begin{cases}\zeta = p^{-1}(e,n)\\ \eta = q^{-1}(e,n)\end{cases} \tag{3-1}$$

式中:(e, n)为畸变图像空间中的像元坐标;ζ、η 为 e、n 在校正图像空间中匹配的像元坐标,是 e、n 的共轭点。

系统几何校正的关键是建立地球固定坐标系中 LOS 和未校正图像平面到校正图像平面之间的相互转换关系。本书几何校正选用控制点基础(GCP)为 Landsat 8 的经几何校正的影像,校正过程分为如下步骤:

(1)建立地球固定坐标系下的 LOS。

(2)LOS 投影到大地坐标系级地图平面。

(3)建立输入平面到输出平面之间的相互转换关系。

(4)寻找输入平面点在输入平面的对应关系。

(5)在整个输出平面内执行重采样。

3.1.2 辐射定标

辐射定标是用户需要计算地物的光谱反射率或光谱辐射亮度时,或者需要对不同时间、不同传感器获取的图像进行比较时,都必须将图像的亮度、灰度值转换为绝对的辐射亮度,这个过程就是辐射定标。辐射定标的目的是消除传感器本身的误差,获取传感器入口的准确辐射值。目前使用的 TM、ETM+、OLI 等数据产品是整数的 DN 值。DN 值可满足一般条件的地物提取,但遇到以下两种情况时,需将 DN 值转换成相对辐射亮度:①进行非同类传感器、非同时图像比较分析时;②需获取地物的光谱反射率时。依据传感器类型选择辐射定标公式,其中 Landsat 5 的辐射定标的公式见式(3-2)。

$$L = \frac{L_{\max} - L_{\min}}{Q_{\mathrm{cal\,max}} - Q_{\mathrm{cal\,min}}}(Q_{cal} - Q_{cal\,\min}) + L_{\min} \tag{3-2}$$

式中:Q_{cal} 为影像 DN 值;$L_{\max}$、$L_{\min}$ 分别为探测器可检测的最大、最小辐射亮度;$Q_{\mathrm{cal\,max}}$ 为 255,$Q_{\mathrm{cal\,min}}$ 为 1,分别为传感器接收到的最大、最小灰度值;其余参数见表 3-6。

表 3-6 Landsat 5 TM 的$L_{\max}$ 和$L_{\min}$

波段	1984 年 3 月 1 日至 2003 年 5 月 4 日		2003 年 5 月 4 日后	
	$L_{\min}$	$L_{\max}$	$L_{\min}$	$L_{\max}$
1	-1. 52	152. 1	-1. 52	193. 0
2	-2. 84	296. 81	-2. 84	365. 0
3	-1. 17	204. 3	-1. 17	264. 0
4	-1. 51	206. 2	-1. 51	221. 0
5	-0. 37	27. 19	-0. 37	30. 5
6	1. 237 8	15. 303	1. 237 8	15. 303
7	-0. 15	14. 38	-0. 15	16. 5

通过式(3-2)计算得到的光谱辐射值代入式(3-3)中,可得大气顶层反射率。

$$\rho = \frac{\pi \times L_{\lambda} s^2}{\mathrm{ESUN} \times \cos\alpha} \tag{3-3}$$

式中:ρ 为相对反射率;s 为日地天文单位距离,值为 $1-0.016\ 74\cos[0.985\ 6\times(\mathrm{JD}-4)\times\pi/180]$,JD 为儒略日;$L_{\lambda}$ 为传感器光谱辐射值;ESUN 为大气顶层太阳辐射度;α 为太阳天顶角,$\alpha=90°-$太阳高度角,太阳高度角、太阳辐射度等信息从遥感影像的. HDF 文件中获取。

对于 Landsat 8 OLI 数据,辐射亮度 L_{λ} 由式(3-4)计算获得:

$$L_{\lambda} = M_{\mathrm{L}} \times Q_{\mathrm{cal}} + A_{\mathrm{L}} \tag{3-4}$$

式中:M_{L}(RADIANCE_MULT_BAND_x)为图像的增益;A_{L}(RADIANCE_MULT_BAND_x)为图像的偏移量;M_{L} 和 A_{L} 在影像的头文件获取。

Landsat 8 OLI 数据的大气顶层反射率 ρ_{λ} 可由式(3-5)得到:

$$\rho_{\lambda} = (M_{\mathrm{p}} \times Q_{\mathrm{cal}} + A_{\mathrm{p}})/\sin\alpha_{\mathrm{se}} \tag{3-5}$$

式中:M_{p}(REFLECTANCE_MULT_BAND_x)为图像的增益;A_{p}(REFLECTANCE_MULT_

BAND_x)为图像的偏移量;α_{se}(SUN_ELEVATION)为太阳高度角。

3.1.3　大气校正

由于受到大气、云、地形、临近像元效应的影响,接收到的地物总辐射亮度偏小,为消除这些误差就要进行大气校正,将辐射亮度值经过数学模型转换成表观反射率。目前,很多软件都可以实现这一操作,本书选用被广泛应用的 ENVI 5.3 软件对 Landsat 系列数据进行 FLAASH 大气校正。

式(3-6)中的数学模型适用多数遥感产品,如任何高光谱、卫星和航空数据[Hyperion (EO-1) AISA、HyMap 等]和多光谱遥感数据(如 Landsat、SPOT、MODIS、AVHRR、AATSR、MERIS 等)。

$$L = \left(\frac{Ar}{1 - r_e S}\right) + \left(\frac{Br_e}{1 - r_e S}\right) + L_a \tag{3-6}$$

式中:L 为传感器接收的单个像元辐射亮度;r 为该像元地表反射率;r_e 为该像元与邻域的平均反射率;S 为球面反照率;L_a 为大气后向散射辐射率;A、B 分别为大气和地表下垫面因素共同确定的系数。其中,r 和 r_e 的区别主要来自于大气散射带来的图像边缘模糊。一般默认两者数值相等,但在薄雾和地物对比强烈的情况下,两者会相差很大,这种临近像元效应不可忽视。这时 r_e 可通过式(3-7)求得。

$$L_v \approx \left[\frac{(A + B)r_e}{1 - r_e S}\right] + L_a \tag{3-7}$$

式中:L_v 为给定像元及其邻域的空间平均值。

用软件 ENVI 5.3 FLAASH 进行大气校正的时候应注意:①在工具箱(Toolbox)中启动 FLAASH Atmospheric Correction Module Input Parameters 对话框,选择已完成辐射定标数据,并设置参数、输出路径,输出路径不可有中文;②将传感器类型、地面平均高程、时间依次填入,其中地面平均高程可以用 ASTER GDEMV002 数据为基准数据,其他参数都在元数据“* *_MLT. txt”文本文件中,具体名称为 DATE_ACQUIRED(获得时间)和 SCENE_CENTER_TIME(图像中心时间);③大气模型参数需要根据研究取得地理位置和影像成像时间选取,模块中提供了 T、MLS、SAS、MLW、SAW、U. S. Standard;④水汽反演,可选;⑤气溶胶模型,模块有 Rural、Urban 等 5 种气溶胶模型,按实际情况选择;⑥Modtran resolution 选“5 cm-1”。

3.1.4　图像拼接及裁剪

图像拼接又可以称为图像镶嵌,就是将研究区需要用到的影像按行列顺序合并成一整张图像。本书利用 ENVI 5.3 软件,在工具箱中选 Mosaicking-Seamless Mosaic(无缝拼接)。需要注意的是,当重叠区有背景值时需要设置透明度,选择直方图匹配法进行匀色,接边线与羽化接边线可选自动绘制接边线,也可选手动编辑接边线,最后输出重采样方法(resampling method)时选立方卷积(cubic convolution),输出背景值选 0 即可。

拼接好的影像一般都会超过研究区所需要的范围,这时就利用青藏高原地区的矢量 ploygon 文件,在 ArcGIS 10.6 中利用数据管理软件中的按掩膜提取(spatial analyst-extract by mask),对每期数据进行裁剪,为后续的数据处理与分析奠定基础。

3.2 遥感水体提取机制及方法

3.2.1 水体提取机制

遥感是将传感器接收的陆地地物的电磁辐射反演为地表参数(光谱)的一门技术。异物异光谱是遥感的基础理论。基于地物的光谱特征(见图 3-1),水体又是比较特殊的一类,水体对可见光波段范围吸收能力大于反射和透射,且总体反射率要比植被、城市、土壤等地物低约 3%,水体在蓝绿波段反射率随波长的增加呈降低趋势;近红外波段在 0.75 μm 是转折点,大于 0.8 μm 后反射率降低为 0。而植被、土壤和城市在波长范围 0.7~2.5 μm 内反射率都相对较高,尤其是植被,在波长范围 0.9~1.2 μm 反射率存在峰值。在对多光谱遥感数据进行分析的过程中,发现可以将不同波段的反射率进行加减乘除运算,以达到增强水体与其他地物之间的灰度值差别的目的,从而获取水体信息,这就是目前将可见光遥感数据用来提取水体的基本机制。

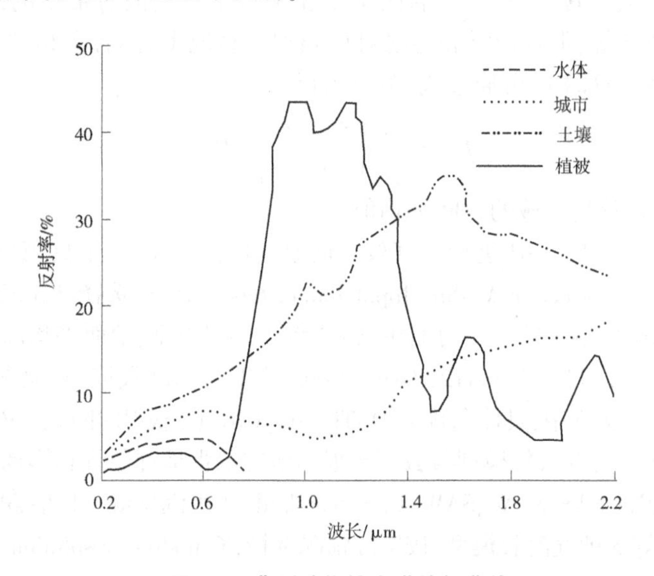

图 3-2 典型地物的光谱特征曲线

3.2.2 水体面积提取方法

水体面积提取方法因遥感技术的出现而迈向新的台阶。在遥感技术出现以前,人类获取水体面积就必须到现场,经实地测量和手工测绘,尽管经过这种原始的方法可以获得较为精确的数据,但是时间、人力、物力成本巨大,再加上高寒地区恶劣的自然环境,实地测量、大范围测绘就难以执行。遥感技术的兴起解放了人类的双脚和双手,遥感技术的进步使人们能高效地获取想要的信息,成本小、精确性高。遥感技术是目前广泛应用的一种方法和手段。基于遥感又衍生出一系列的水体提取方法,从根源上可以分为 3 类:人译、机译和人机互译。人译就是利用软件在遥感影像底图上,对湖泊逐个进行人工目视解译,准确但效率低,对计算机的性能也有较高的要求。机译指的是利用软件及一定的数学模型,设定好程序让计算机执行。人机互译是结合人译的高精度和机译的高效率,当区域不是很大时,人机互译是最好的方法。当数据量大、研究范围广时,机译就显得更具优势。目前最流行的方法有水体指数法、单波段阈值法、多波段谱间分析法、监督分类法和机器学习法,可根据研究区的特殊情况甄选。

3.2.2.1　水体指数法

NDWI 由 Mcfeeters 提出,能很好适应于多数卫星遥感产品,公式简单,被广泛应用,NDWI 公式如下:

$$NDWI=\frac{(Band\ 2-Band\ 4)}{(Band\ 2+Band\ 4)} \tag{3-8}$$

MNDWI 由徐涵秋提出,其对构成该指数的波长组合进行了修改,在城镇范围内的水体提取有相当的优势,且易高效剔除水体阴影。计算公式如下:

$$MNDWI=\frac{(Band\ 3-Band\ 5)}{(Band\ 3+Band\ 5)} \tag{3-9}$$

增强型水体指数(EWI)由闫霈等于 2007 年提出,结合形状指数和 GIS 去除背景噪声技术,高效地提取了半枯少水线性河道。公式如下:

$$EWI=\frac{[Band\ 4-(Band\ 2+Band\ 6)]}{[Band\ 4+(Band\ 2+Band\ 6)]} \tag{3-10}$$

新型水体指数(NWI)由丁凤于 2009 年提出,该指数基于水体在近红外 Band 4、中红外 Band 5 和 Band 7 波段具有低反射性,对蓝光波段具有高反射性,增大了水体与裸地、建筑和植被的反差效果原理。计算公式如下:

$$NWI=\frac{[Band\ 1-(Band\ 4+Band\ 5+Band\ 7)]}{[Band\ 1+(Band\ 4+Band\ 5+Band\ 7)]}\times C \tag{3-11}$$

式中:C 为常数,可取 255 或者 100,目的是增强拉伸 NWI 的数值区间效果。

沙漠湖泊水体指数(desert lake water index,DLWI)由朱金峰提出,用来提取沙漠湖泊的水体,主要也是基于盐碱地、阴影、植被和沙丘与水体发热反射率相差较大原理,公式如下:

$$DLWI=\frac{Band\ 1-Band\ 5}{Band\ 1+Band\ 5} \tag{3-12}$$

修正沙漠湖泊水体指数(modified desert lake water index,MDLWI)由金晓媚于 2014 年提出,该指数基于水体的反射率排序(蓝光>绿光>红光>近红外>中红外),为抑制干湖盆信息,利用 MDLWI 增加水体和干湖盆的差异性,表达式如下:

$$MDLWI=\frac{Band\ 1-Band\ 5}{Band\ 1+Band\ 5}+\frac{Band\ 4-Band\ 2}{Band\ 4+Band\ 2} \tag{3-13}$$

自动水体提取指数(automated water extraction index, AWEI)由 Feyisa 等提出,阈值判

定简单易操作,见式(3-14)、式(3-15),波段在 Landsat 5 和 Landsat 8 中的对应关系见表 3-7。

$$AWEI_{nsh}=4\times(\rho_{Green}-\rho_{MIR})-0.25\times\rho_{NIR}+2.75\times\rho_{SWIR} \tag{3-14}$$

$$AWEI_{sh}=\rho_{Blue}+2.5\times\rho_{Green}-1.5\times(\rho_{NIR}-\rho_{MIR})-0.25\times\rho_{SWIR} \tag{3-15}$$

表 3-7　波段在 Landsat 5 和 Landsat 8 中的对应关系

波段	Landsat 5 TM	Landsat 8 OLI
ρ_{Blue}	Band 1	Band 2
ρ_{Green}	Band 2	Band 3
ρ_{NIR}	Band 4	Band 5
ρ_{MIR}	Band 5	Band 6
ρ_{SWIR}	Band 7	Band 7

$AWEI_{nsh}$ 可降低非水像素的干扰,$AWEI_{sh}$ 可同时减少或消除阴影像素和非水像素的影响。缺点是由于雪被和冰川的反射性也极高,会将水域和雪被、冰川混为一体,所以不太适合含有冰雪的影像。

线性判别分析分类法(linear discriminant analysis classfication,LDAC)提供了最佳模型系数,系数和波段间的线性关系修改水体指数(WI),其最大的不同点是影像处理后可直接得到地表反射率,计算公式如下:

$$WI=1.7204+171Band_{Green}+3Band_{Red}-70Band_{NIR}-45Band_{SWIR1}-71Band_{SWIR2} \tag{3-16}$$

此方法与自动水体提取相近,但此方法依然会将部分建筑物信息误认为水体。

改进型混合水体指数(new combined index of NDVI and NIR for water body identification,NCIWI)由方刚提出,在混合水体指数 CIWI 的基础上,同时考虑水体在 $Band_{SWIR1}$ 和 $Band_{SWIR2}$ 两个波段范围内具有很强的吸收性。计算模型如下:

$$CIWI=NDVI+\frac{Band_{NIR}}{Band_{NIR}mean} \tag{3-17}$$

$$NCIWI=NDVI+\frac{Band_{NIR}}{Band_{NIR}mean}+\frac{Band_{SWIR1}}{Band_{SWIR1}mean}+\frac{Band_{SWIR2}}{Band_{SWIR2}mean} \tag{3-18}$$

该计算模型能很好地剔除建筑物信息,但同时会将部分水体误判为建筑物,造成提取的水体会偏小。

3.2.2.2　单波段阈值法

单波段阈值法是提取水体最容易操作的方法,原理是水体在 $Band_{NIR}$、$Band_{SWIR1}$ 几乎全吸收,对这两个波段分别设定阈值范围来提取水体,运算模型如下:

$$Band_{NIR} < T_1 \tag{3-19}$$

$$Band_{SWIR1} < T_2 \tag{3-20}$$

T_1、T_2 分别为这两个阈值,需要根据试验确定。该方法简便,但是容易将水体和山区阴影误分,提取的水体正常情况下会偏大。

3.2.2.3　多波段谱间分析法

多波段谱间分析法原理是运用构造波段运算规则对影像进行处理,利用波段间可进行数学运算的原则。由于水体的反射率与波长的反比关系,在 $Band_{Green}$ 和 $Band_{Red}$ 反射率较强,在 $Band_{NIR}$ 和 $Band_{SWIR1}$ 反射率近乎为零,所以多波段谱间分析放大了水体在不同波段间的反射率反差,计算公式如下:

$$(Band_{Green} + Band_{Red}) - (Band_{NIR} + Band_{SWIR1}) > T \tag{3-21}$$

式中:阈值 T 要根据具体试验取得。

该方法适用于坡度较小的地区,对于高山峡谷区,存在山体阴影从而带来误差,在城区还可能会将部分建筑物信息提取,对于沟渠里的水体也不能很精确地提取。

3.2.2.4　监督分类法

监督分类法为众多模式识别方法中的一种。监督分类法的关键是为软件选好具有典型性的和代表性的样本,并将这些样本作为训练样本,然后基于该模板使计算机自动地获取具有相同反射率的像元。也就是在辐射校正完的影像上,建立不同地物的兴趣区,在影像上用多边形勾出湖泊、河流、植被、雪山、冰川、建筑等信息,对不同的地物进行多次的选择。因为同种地物可能存在微小的差异,同种地物选择的样本越多,得出的监督判据越准确。监督分类中最常用的算法有最大似然估计、特征分析和图形识别等。其中,支持向量机分类器、最大似然法、二置编码分类法、光谱角匹配法、马氏距离分类法、神经网络分类法等是常用的监督分类方法。

3.2.2.5　机器学习法

在机器学习法中,可分为人工或半自动的浅层学习模型和全自动的深度学习。浅层学习以杨文亮等的反向传播(back propagation,BP)神经网络的水体自动提取、程晨等的决策树水体提取模型、李晶晶的支持向量机(support vector machine,SVM)的提取模型为代表。浅层模型也被广泛应用,但是在选择合理的特征时往往会耗费较长的时间和较多的人力成本,训练样本的选择有时需要更专业的人提供技术支撑。深度学习(deep learning)由 Hinton 等提出,引起了广泛关注并在互联网和智能技术方面已成为热点。深度学习利用非线性变换,从简单到复杂逐步提取原始语义的特征,在计算机视觉识别方面有很好的效果。深度学习模型需要精心设计完善的算法,研究较少,扩展性较差,并且精度需进一步提升。

综合以上水体提取方法及水体指数法,不同的模型各具优缺点,也有一定的针对性。相比之下,NDWI 模型简便,数据也容易获取,除在城市水体有较差的适用性,其他区域都具有较好的适用性。其他改进的水体指数采用的数据基本上是 Landsat 5 TM ~ Landsat 8 OLI 之间的,加上本书的研究区地广人稀,城市面积较少,水体主要分布在无遮挡的自然环境下,很少受建筑物影响和山体阴影影响,所以本书拟选取 NDWI、MNDWI 以及监督分类法进行比较,以选择最佳提取水体方法。

本书考虑整个高原的降水主要集中在6—8月,因此尽量选用9月以后的数据。有些影像缺失,所以就再选用其他月份。先对数据进行一系列的前期处理,以备后期提取水体使用。数字高程模型用于区域坡度分析。整个高原面积较大,高分辨率的地形校正数据太大,计算机运行不易正常工作,所以选用的是ASTER GDEM,分辨率为90 m。典型湖泊以Google Earth同期影像作为参考数据,用来评价湖泊水体提取的精度。

因为统计面积需在投影坐标系下完成,以及在进行湖泊与Landsat影像和DEM数据叠加时,需要将两者的坐标系统一,所以将二者转换成相同的坐标体系,故采用阿尔伯斯投影。

3.3 青藏高原湖泊水体自动提取

由于本书选用的数据为Landsat 5 TM和Landsat 8 OLI的一级产品,均经过几何校正。ENVI 5.3版可完成影像的校正、水体提取及格式转换工作,同时使用ArcGIS 10.6版进行数据的空间分析。下面以可可西里地区的Landsat 8 OLI h138v35数据为例,详细介绍影像数据处理的步骤过程,图像内有库赛湖、卓乃湖等较大型湖泊。

3.3.1 计算平均海拔高度

FLAASH大气校正需基于影像的平均海拔高程,这个海拔高程是一个粗略值,可直接下载软件内含的2010年全球900 mDEM数据,若想获取更高精度的平均海拔高度,可以自行加载SRTM DEM 90 m或G-DEM 30 m。本书利用软件自带的数据即可满足要求。在软件的工具箱(Toolbox)搜索输入Statistics,找到Compute Statistics工具,选择GMTED2010.jp2数据,设置Stats Subset选项,在Select Statistics Subset中选择File的统计区对应的多波段影像数据;接下来在Compute Statistics Parameters中选择基本统计(Basic Stats),这样就会得到本景图像范围内的平均海拔高度4 466.68 m。

3.3.2 辐射定标

辐射定标是将图像的数字量化值(DN)转化为辐射亮度值或者反射率或者表面温度等物理量的处理过程。辐射定标参数一般存在元数据文件中,ENVI中的通用辐射定标工具(radiometric calibration)能自动从元数据文件中读取参数,从而完成辐射定标。进行辐射定标的步骤:搜索输入Radiometric Correction,找到其中的Radiometric Calibration工具,在数据选择这一块都要选择多光谱数据而非某一波段的数据。该界面的所有参数仅需一键Apply FLAASH Settings按钮,这样就可以全部设置为需要的所有格式。接下来就是选择输出位置,在所有的输出位置和文件名称的命名中,都要切记不能含有特殊字符或中文。步骤完成即可获得辐射定标后的影像。详细步骤如下:

(1)选择 File>Open As>Landsat>GeoTIFF with Metadata,选择打开 * _MTL. txt 文件。下面以 Quic kbird 影像为数据源介绍卫星影像的辐射校正过程,分别在 ENVI 5. 3 和 ENVI Classic 下操作。

(2)在 Toolbox 中,选择 Radiometric Correction > Radiometric Calibration,在文件对话框中选择多光谱数据,打开 Radiometric Calibration 面板。

(3)在 Radiometric Calibration 面板中,设置定标类型(Calibration Type):在辐射率数据 Radiance 中单击 Apply FLAASH Settings 按钮,自动设置 FLAASH 大气校正工具需要的数据类型,包括储存顺序(Interleave)(BIL 或者 BIP)、数据类型(Data Type)(Float)、辐射率数据单位调整系数(Scale Factor)(0. 1)。

(4)设置输出路径和单位名,单击 OK 执行辐射定标。

相对比未进行辐射校正操作的影像图,可以看出辐射定标后亮度有所提升,并且影像的色调也更逼真且符合现实。

3.3.3　大气校正

辐射定标完成后即可继续大气校正,传感器最终测得的地面目标的总辐射亮度并不是地表真实反射率的反映,其中包含由大气吸收,尤其是散射作用造成的辐射量误差,大气校正就是消除这些由大气影响所造成的辐射误差,反演地物真实的表面反射率的过程。在工具箱搜索处输入 Radiometric Correction,选择 Atmospheric Correction Module/ FLAASH Atmospheric Correction,导入经辐射定标的数据,这个对话框里需要注意的是大气模型、气溶胶模型、多光谱参数及反演模式等设置。在 Radiance Scale Factors 面板中,由于前辐射定标中已经换算了单位,所以选择 Use single scale factor for all bands。传感器类型选择 Landsat 8 OLI,平均海拔高度是最先算出的结果,大气模型根据所处的纬度和时间选择,可可西里地区属中纬度,拍摄时间为冬季,所以选 MLW。反演模型选择 2-Band(K-T),类似于模糊减少法。多光谱参数设置(Multispectral Settings)中将"Defaults"设为 Over-Land Retrieval Standard(600、2 100),最后单击 Apply,等待几分钟即可完成大气校正。

对多光谱数据 FLAASH 大气校正输入图像做了一些要求,具体图像参数要求如下:

(1)波段范围:卫星图像要求 400~2 500 nm,航空图像要求 860~1 135 nm。如果要执行水汽反演,光谱分辨率≤15 nm,且至少包含以下波段范围中的一个,波段有 1 050~1 210 nm、770~870 nm、870~1 020 nm。

(2)像元值类型:经过定标后的辐射亮度(辐射率)数据,单位是(μW)/(cm^2 · nm · sr)。

(3)数据储存类型:数据类型要求浮点型(Floating Point)、32 位无符号整型(Long Integer)、16 位无符号和有符号整型(Integer、Unsigned Int)。

(4)文件类型: ENVI 标准栅格格式文件,BIP 或者 BIL 储存结构。

(5)中心波长:数据头文件中(或者单独的一个文本文件)包含中心波长(wavelength)值,如果是高光谱,还必须有波段宽度(FWHM),这两个参数都可以通过编辑头文件信息输入(Edit Header)。

(6)波谱滤波函数文件:对于未知多光谱传感器(UNKNOWN-MSI),需要提供波谱滤波函数文件。

大气校正详细操作步骤如下:

ENVI 大气校正模块的使用主要由 7 个方面组成:输入文件准备、基本参数设置、多光谱数据参数设置、高光谱数据参数设置、高级设置、输出文件、处理结果。

①输入文件准备。

根据前文介绍的 FLAASH 对数据的要求准备待校正文件。由于使用了 Radiometric Calibration 工具辐射定标,数据类型、储存顺序、辐射率数据单位都符合 FLAASH 要求,Landsat 5 的 L1G 级数据包括了中心波长信息。

②基本参数设置。

在 Toolbox 中打开 FLAASH 工具:/Radiometric Correction/Atmospheric Correction Module/FLAASH Atmospheric Correction。启动 FLAASH Atmospheric Correction Module Input Parameters 面板中的 Input Radiance Image,选择辐射定标结果数据,在打开的 Radiance Scale Factors 面板中,设置 Single scale factor。

a. Output Reflectance File:设置输出路径和文件名。

b. Output Directory for FLAASH Files:设置其他文件输出目录。

c. 传感器基本参数设置。中心点经纬度 Scene Center Location:如果图像有地理坐标则自动获取;选择传感器类型 Sensor Type:Landsat TM5,其对应的传感器高度及影像数据的分辨率自动读取。

d. 设置影像区域的平均地面高程:0.05 km。

e. 影像成像时间(格林威治时间):在 layer manager 中的数据图层中右键选择 View Metadata,浏览 time 字段获取成像时间,如 2009 年 9 月 22 号 02:43:22。

f. 大气模型参数选择 Atmospheric Model:Mid-Latitude Summer(根据成像时间和纬度信息依据表 3-8 规则选择)。

表 3-8　数据经纬度与获取时间对应的大气模型

北纬/(°)	1 月	3 月	5 月	7 月	9 月	11 月
80	SAW	SAW	SAW	MLW	MLW	SAW
70	SAW	SAW	MLW	MLW	MLW	SAW
60	MLW	MLW	MLW	SAS	SAS	MLW
50	MLW	MLW	SAS	SAS	SAS	SAS
40	SAS	SAS	SAS	MLS	MLS	SAS
30	MLS	MLS	MLS	T	T	MLS

续表 3-8

北纬/(°)	1 月	3 月	5 月	7 月	9 月	11 月
20	T	T	T	T	T	T
10	T	T	T	T	T	T
0	T	T	T	T	T	T
-10	T	T	T	T	T	T
-20	T	T	T	MLS	MLS	T
-30	MLS	MLS	MLS	MLS	MLS	MLS
-40	SAS	SAS	SAS	SAS	SAS	SAS
-50	SAS	SAS	SAS	MLW	MLW	SAS
-60	MLW	MLW	MLW	MLW	MLW	MLW
-70	MLW	MLW	MLW	MLW	MLW	MLW
-80	MLW	MLW	MLW	SAW	MLW	MLW

g. 气溶胶模型 Aerosol Model：Urban。

h. 气溶胶反演方法 Aerosol Retrieval：2-band(K-T)。注意：初始能见度 Initial Visibility 只有在气溶胶反演方法为 None 的时候，以及 K-T 方法在没有找到黑暗像元的情况下。

i. 其他参数按照默认设置即可。

③多光谱数据参数设置。

a. 单击 Multispectral Settings，打开多光谱设置面板。

b. K-T 反演选择默认模式：Defaults->Over-Land Retrieval standard(600：2100)，自动选择对应的波段。

c. 其他参数选择默认。

④高级设置。

单击 Advanced Settings，打开高级设置面板。这里一般选择默认设置能符合绝大部分数据情况，在右边面板中设置。

a. 分块处理(Use Tiled Processing)：是否分块处理，选择 Yes 能获得较快的处理速度，块大小一般设为 4~200 m，根据内存大小设置，这里设置为 100 m(计算机物理内存 8 G)。

b. 空间子集(Spatial Subset)：可以设置输出的空间子集，这里选择默认输出全景。

c. 重定义缩放比例系数(Re-define Scale Factors For Radiance Image)：重新选择辐射亮度值单位转换系数，这里不设置。

d. 输出反射率缩放系数(Output Reflectance Scale Factor)：为了降低结果储存空间，默认反射率乘以 10 000，输出反射率范围变成 0~10 000。

e. 自动储存工程文件(Automatically Save Template File):选择是否自动保存工程文件。

f. 输出诊断文件(Output Diagnostic Files):选择是否输出 FLAASH 中间文件,便于诊断运行过程中的错误。

g. 如果对 Modtran 模型非常熟悉,可根据数据情况进行调整,如下为其余部分的参数说明。

Ⅰ. 气溶胶厚度系数(Aerosol Scale Height):用于计算邻域效应范围。一般值为 1~2 km,默认为 1.5 km。

Ⅱ. CO_2 混合比率(CO_2 Mixing Ratio):默认为 390×10^{-6},它是基于2001 测量值为 370×10^{-6},增加 20×10^{-6},以得到更好的结果。

Ⅲ. (Use Square Slit Function):使用领域纠正(Use Adjacency Correction) Yes 或者 No。使用以前的 MODTRAN 模型计算结果(Reuse MODTRAN Calculations),No 为重新计算 MODRTRAN 辐射传输模型;Yes 为执行上一次 FLAASH 运行获得的 MODRTRAN 辐射传输模型,每次运行 FLAASH 后,都会在根目录和临时文件夹下生成一个 acc_modroot. fla。

Ⅳ. MODTRAN 模型的光谱分辨率(Modtran Resolution):越低分辨率具有较快速度而相对较低的精度,主要影响区域在 2 000 nm 附近。高光谱数据默认为 5 cm-1,多光谱数据默认为 15 cm-1。

Ⅴ. MODTRAN 多散射模型(Modtran Multiscatter Model):校正大气散射对成像的影响,提供 3 种模型选择:ISAACS、DISORT 和 Scaled DISORT。默认是 Scaled DISORT,streams 为 8。

Ⅵ. Isaacs 模型计算速度快,精度一般。

Ⅶ. DISORT 模型对于短波(波长小于 1 000 nm)具有较高的精度,但是速度非常慢,由于散射对短波(如可见光)影响较大,对长波(近红外以上)影响较小,因此当薄雾较大和短波图像时可以选择此方法。

Ⅷ. Scaled DISORT 提供在大气窗口内与 DISORT 类似的精度,速度与 Isaacs 类似,这个模型是推荐使用的模型。当选择 DISORT 或者 Scaled DISORT,需要选择 streams:2、4、8、16,这个值是用来估算散射的方向,可见 streams 值越大,速度越慢。

Ⅸ. 天顶角(Zenith Angle):是传感器直线视线方向和天顶的夹角,范围是 90~180°,其中 180°为传感器垂直观测。

Ⅹ. 方位角(Azimuth Angle):范围是-180°~180°。

⑤处理结果。

设置好参数后,单击 Apply 执行大气校正;完成后会得到反演的能见度和水汽柱含量,并显示大气校正结果图像,查看像元值,可以看到像元值扩大 10 000 倍后,值在几百到几千不等。如果要得到 0~1 范围内的反射率数据,可以使用 BandMath 除以 10 000.0。

大气校正影像选取及参数设置见图 3-3。大气模型、传感器模型、反演模型参数设置见图 3-4。kaufman-tanre 气溶胶反演默认值设置见图 3-5。

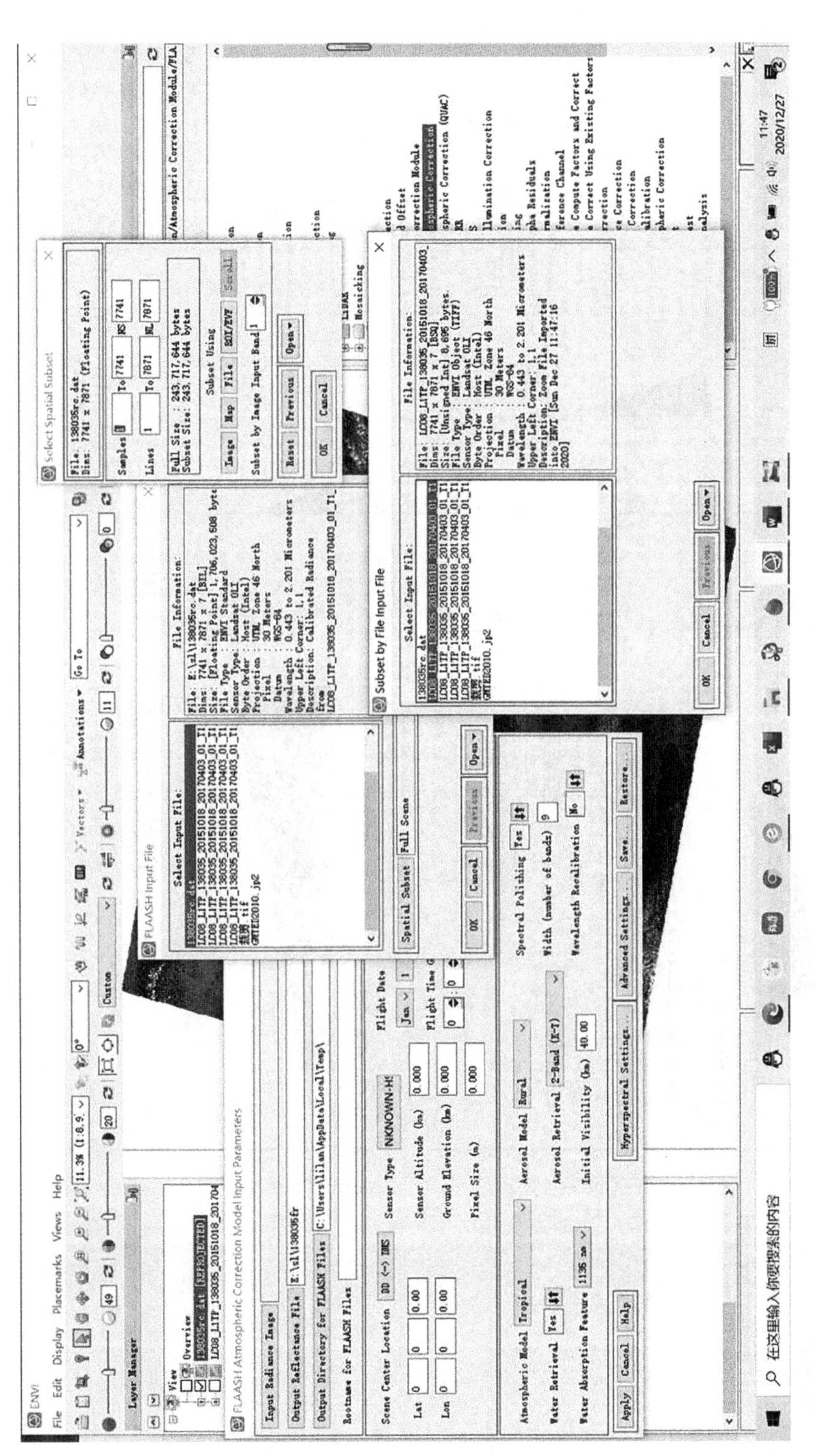

图 3-3　大气校正影像选取及参数设置

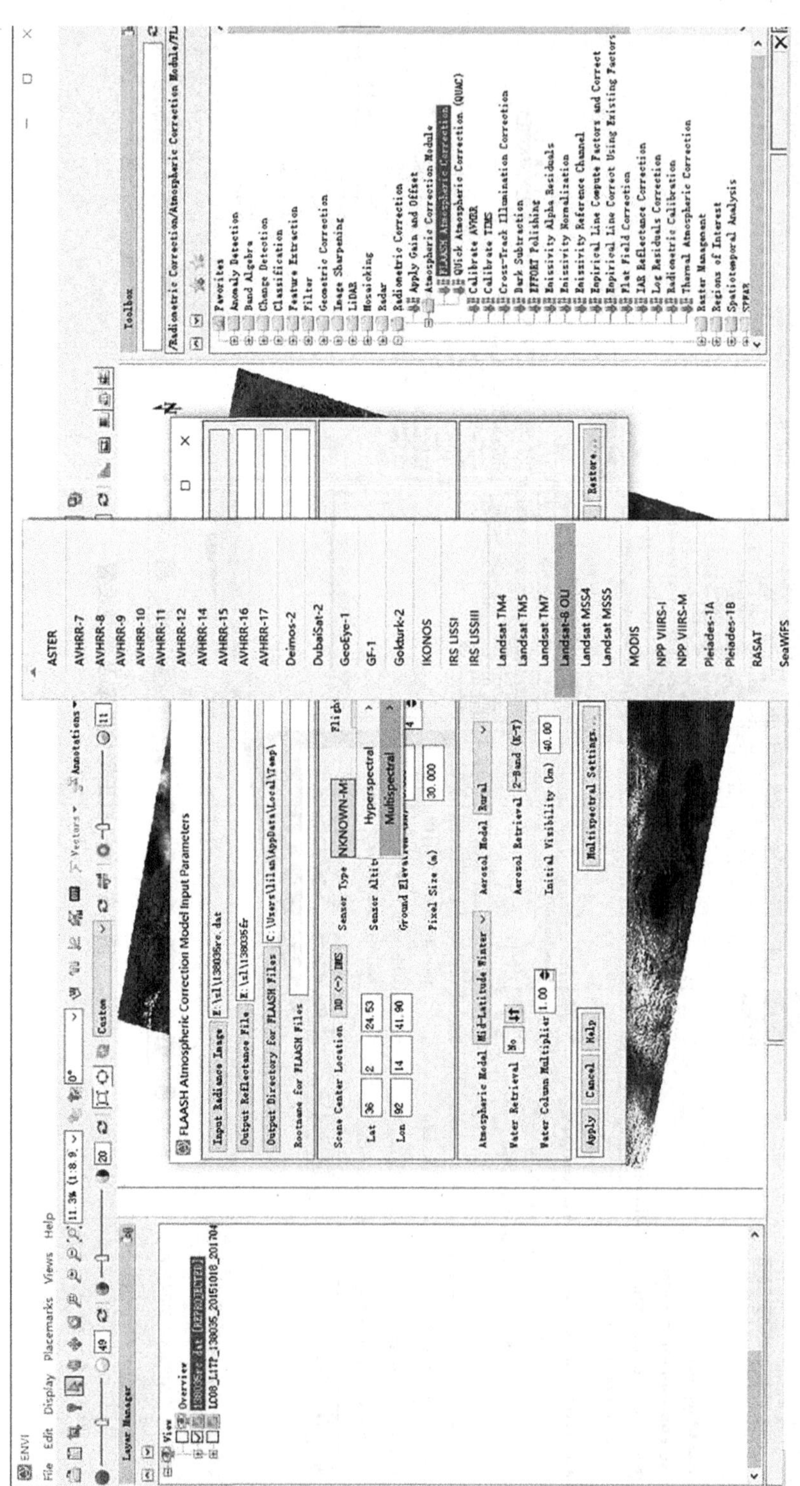

图 3-4　大气模型、传感器模型、反演模型参数设置

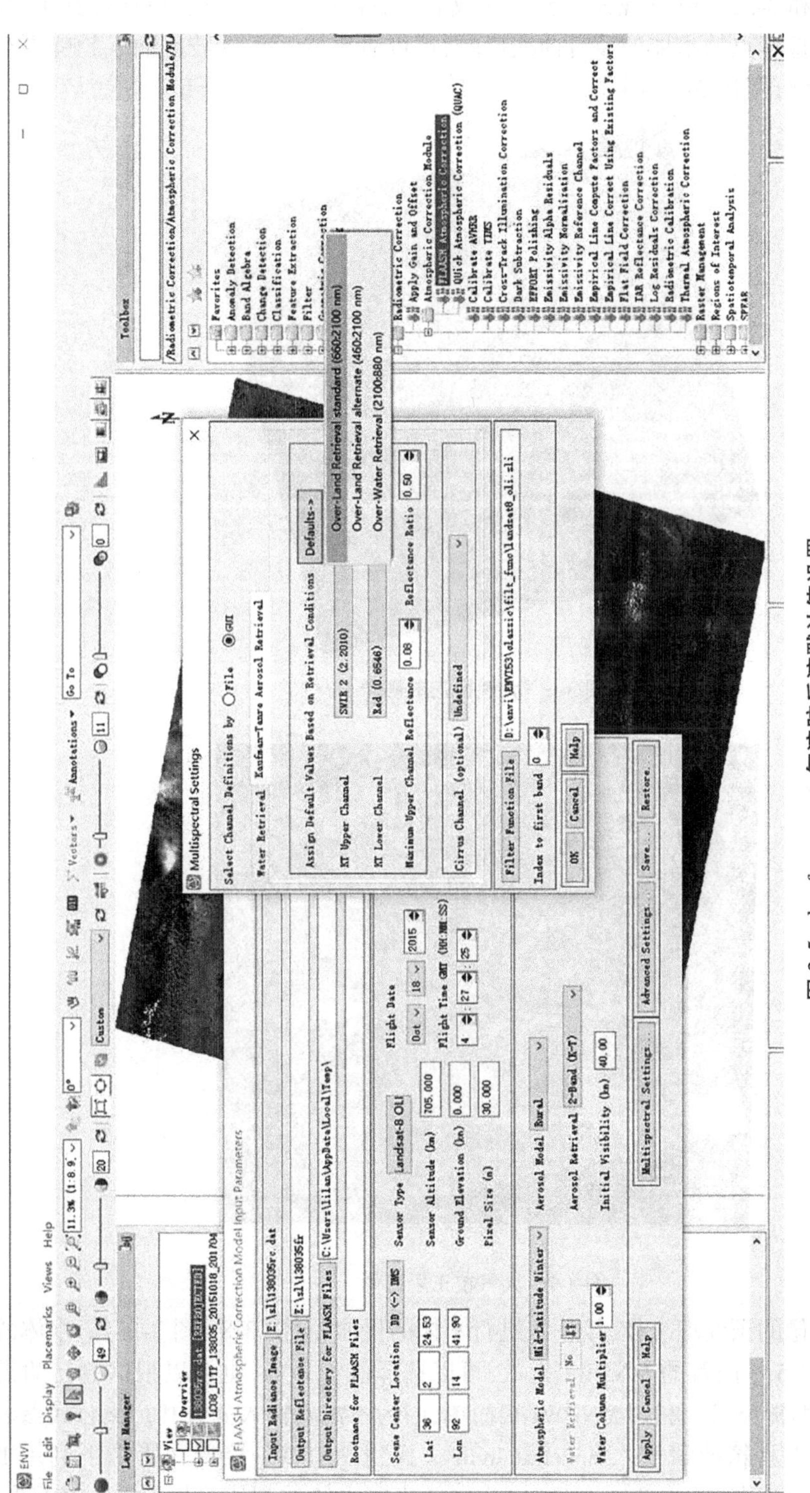

图 3-5　kaufman-tanre 气溶胶反演默认值设置

对比图 3-4 和 3-5,可以发现大气校正完成后,图像的色彩更明亮,更接近真实颜色。还可以进行同一像素点的水体的波普曲线比较,可以看出校正后的波普曲线趋势更符合真实水体波普曲线(见图 3-6~图 3-7)。

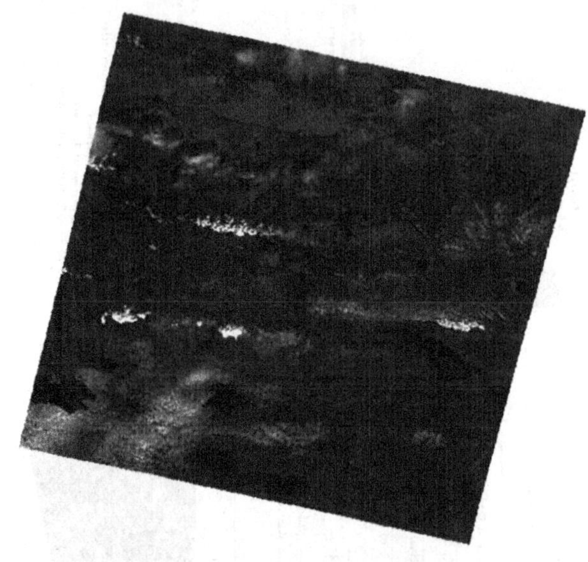

图 3-6　大气校正前影像

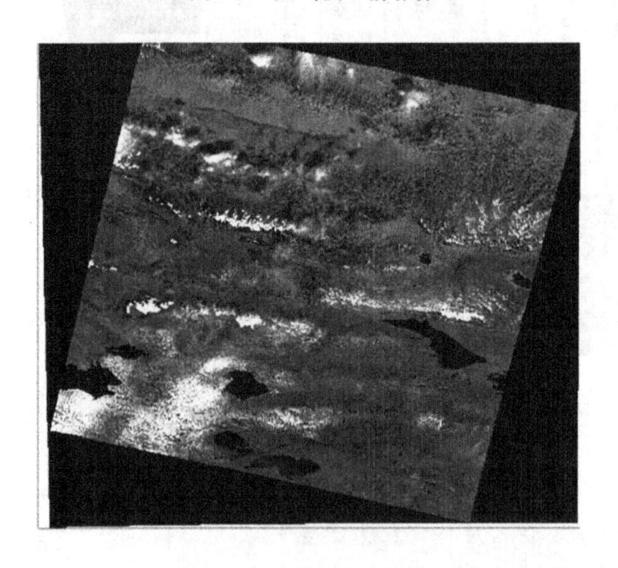

图 3-7　大气校正后影像

完成一幅影像的预处理工作,接下来进行水体的提取(见图 3-8~图 3-11)。水体的提取可以选用 ENVI 5.3 内置的 MNDWI 指数,可以选择监督分类,也可以根据自己的需要利用 Band Math 编辑公式。利用 MNDWI 很简单,因为不需要输入公式和定义公式参数所代表的类型。在工具箱搜索输入 Spectral indices 找到 MNDWI,接着在影像下利用 ROI (Regions of Interest)创建感兴趣区,多创建几个并确定水体的阈值,最后输出 ROI 即可。利用 Band Math 进行水体提取时,将[float(b2)-float(b4)]/[float(b2)+float(b4)]输入,

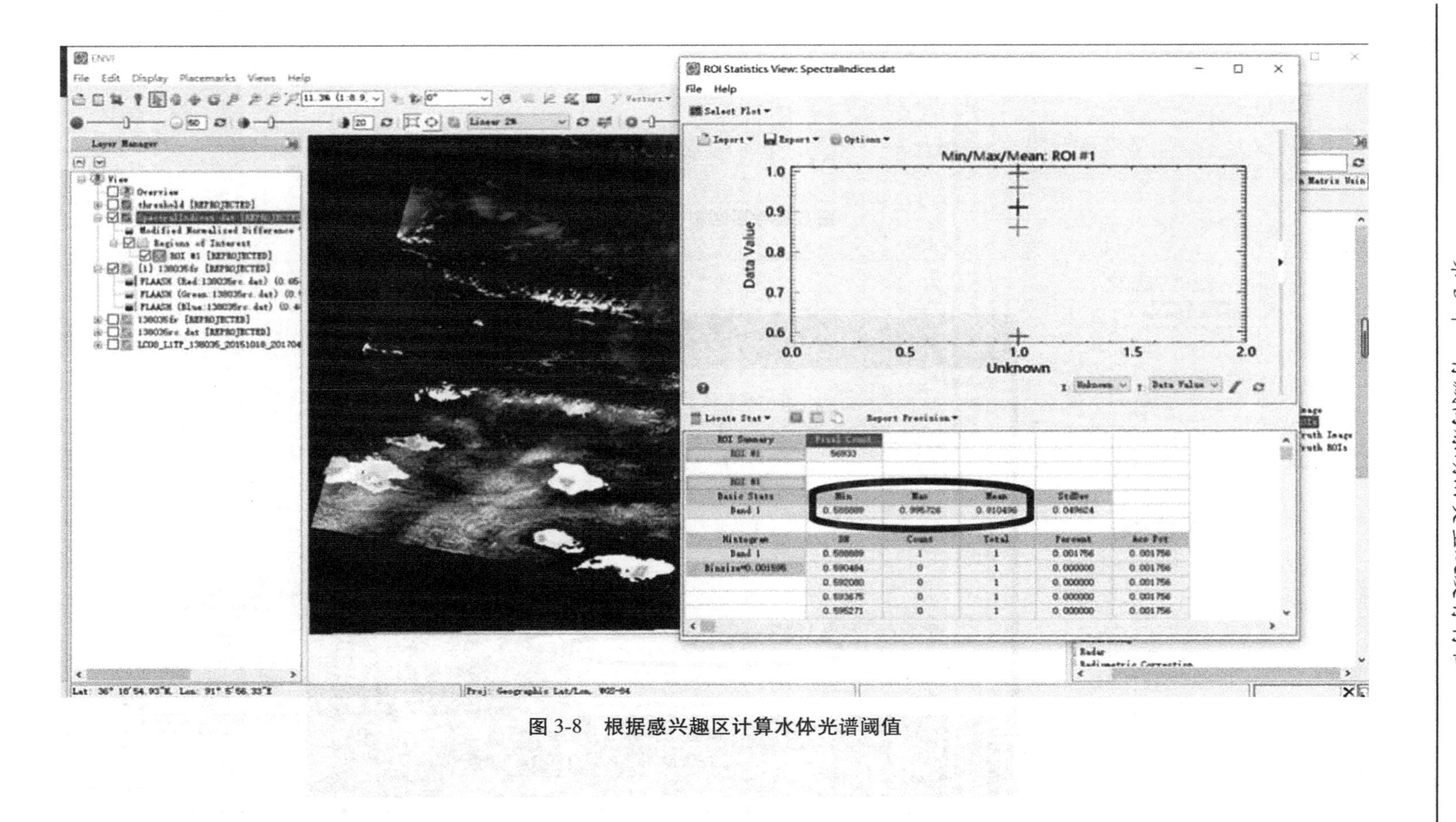

图 3-8　根据感兴趣区计算水体光谱阈值

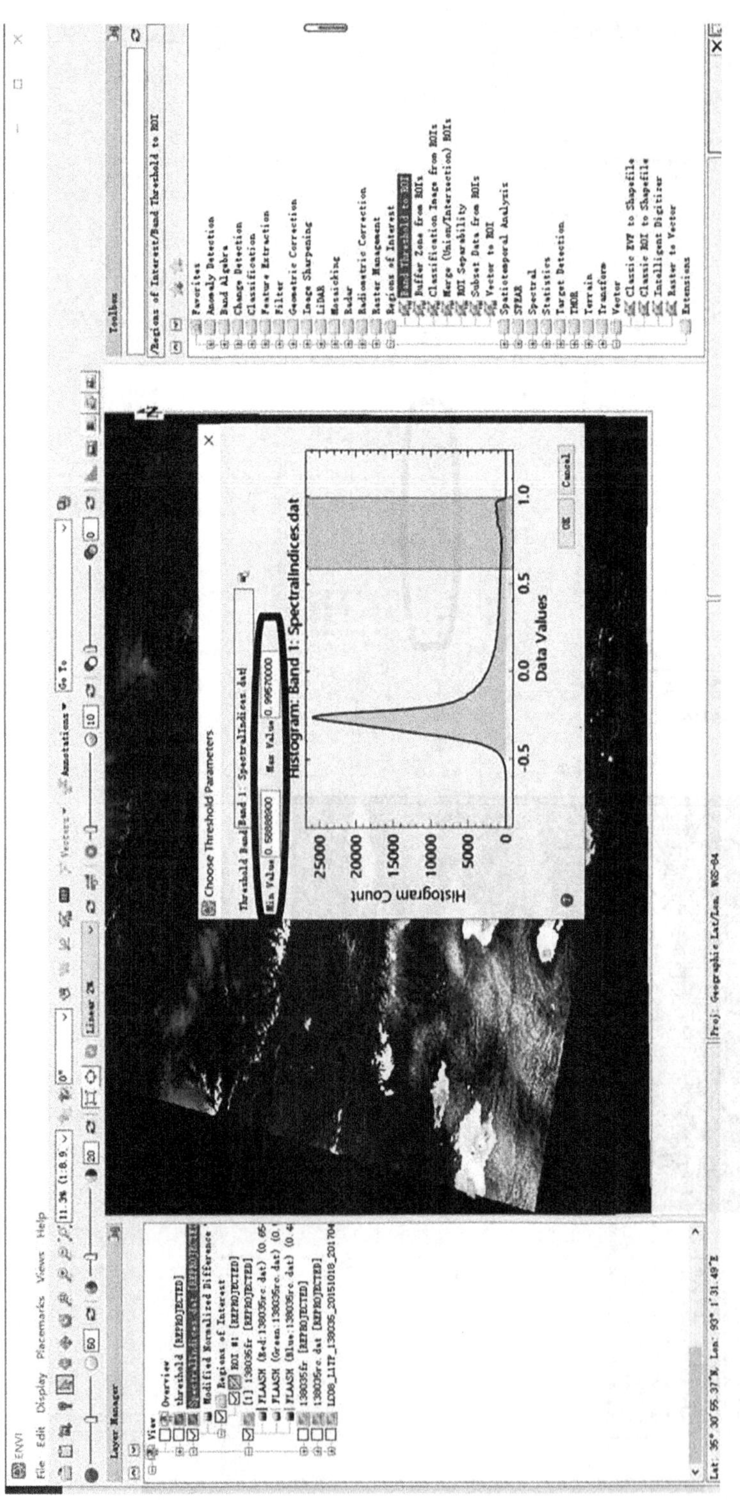

图 3-9　光谱阈值参数分离

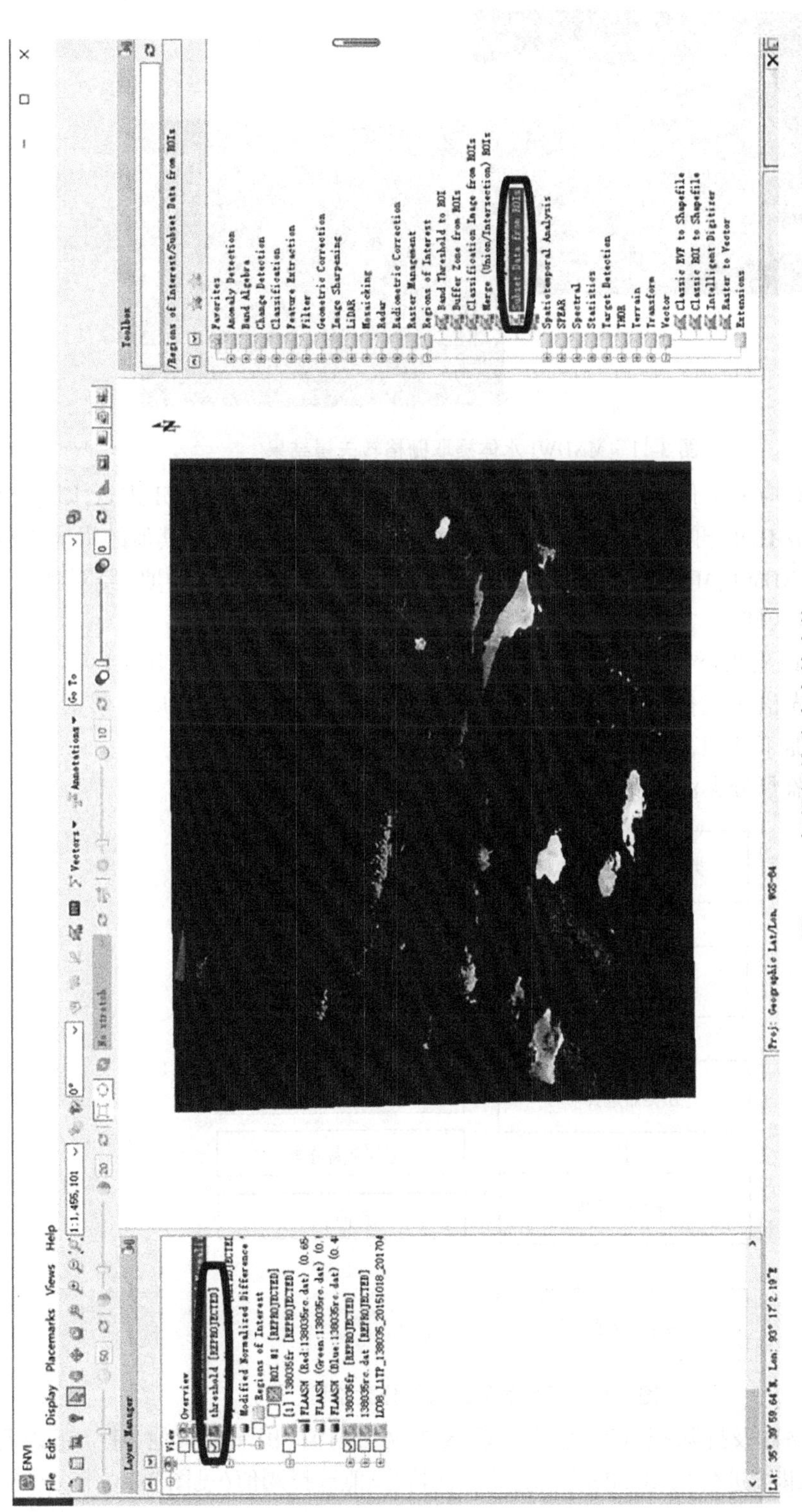

图 3-10 根据阈值分离出的水体

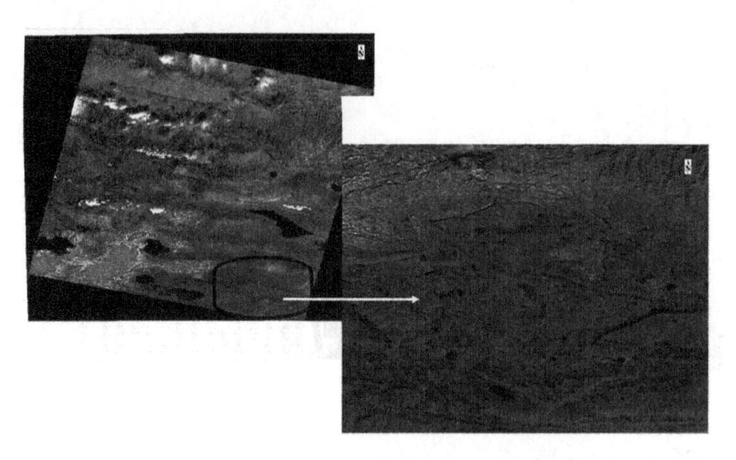

图 3-11　MNDWI 水体提取栅格转矢量结果

并选择各个波段对应的文件,然后利用 Regions of Interest/Band Threshold 进行水陆分离,设定阈值即可生成 ROI,再利用 Subset Data from ROIS 工具提取水体。其他的水体指数法同理。本书使用 NDWI、MNDWI、EWI、NWI、DLWI、NDLWI 指数进行提取,经对比,选取 MNDWI 最适合本区域。

由图 3-11 可以看出,经 MNDWI 水体指数法提取的水体信息会包含其他地物,这幅影像里由于积雪的光谱阈值在水体光谱阈值之间,这样就会多提取积雪相应的信息。所以,此数据需要后期加工处理,将不属于水体的信息全部删除。

遥感影像的监督分类流程见图 3-12。

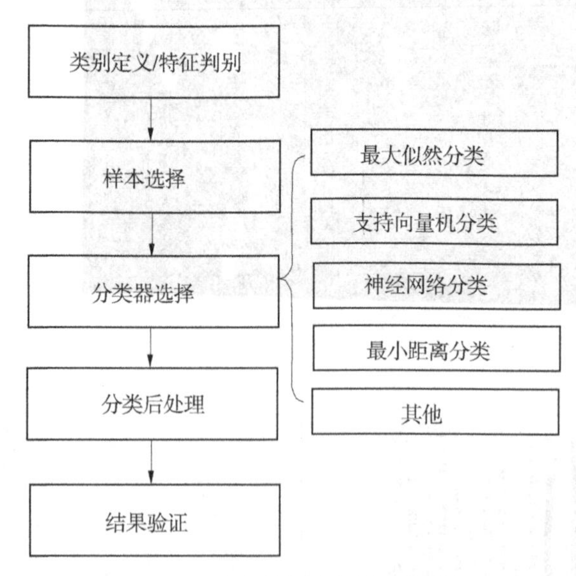

图 3-12　遥感影像的监督分类流程

本书为简化操作及排除积雪信息,将兴趣区选定为湖泊、积雪和其他,建立感兴趣区和兴趣区分离后,继续进行兴趣区的波段统计,根据波段值选择阈值(见图 3-13~图 3-16)。

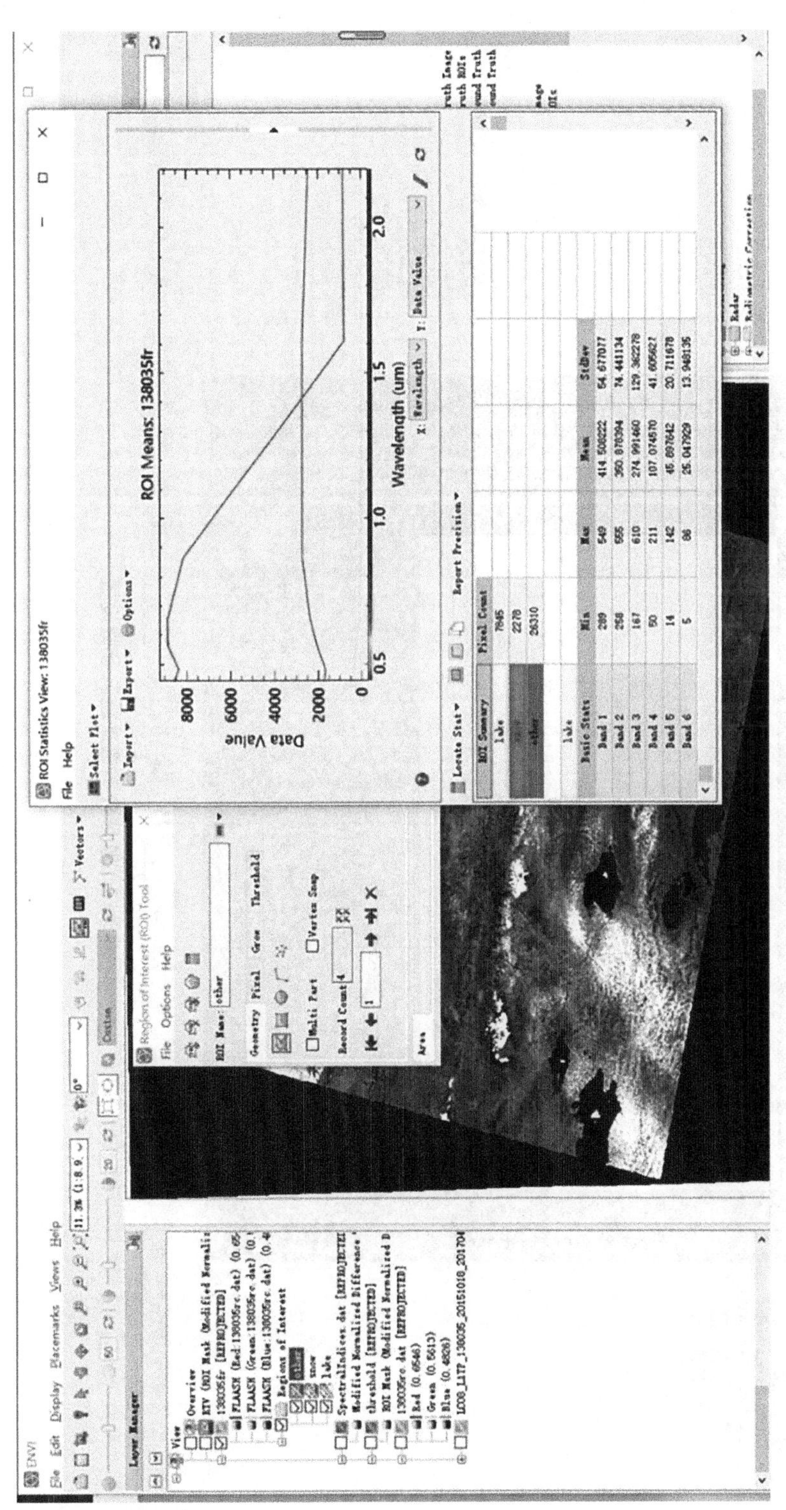

图 3-13　感兴趣区波段统计

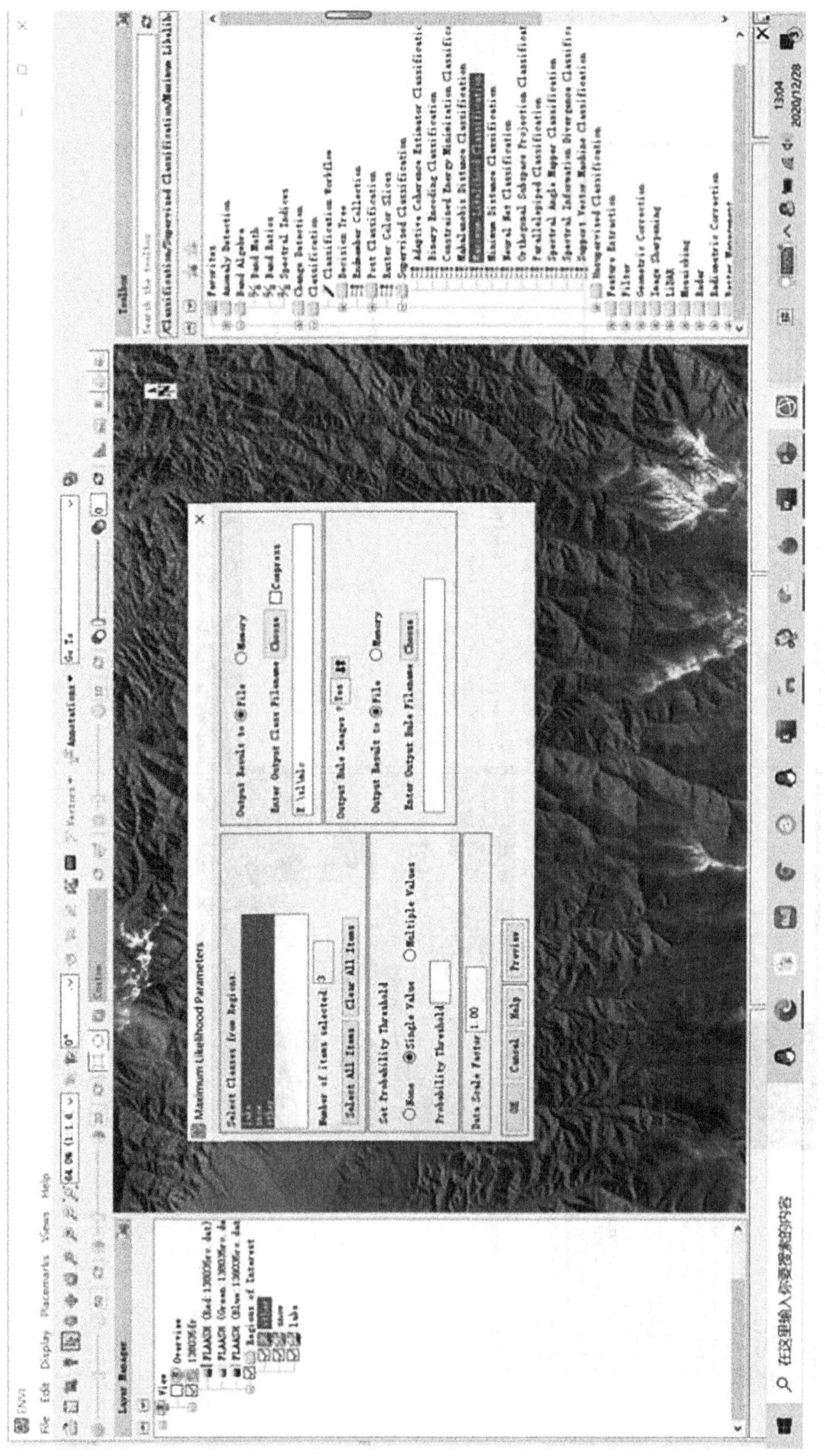

图 3-14　监督分类感兴趣区参数设置

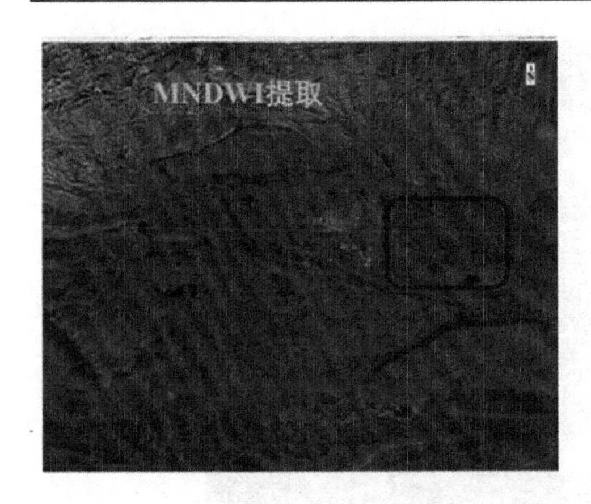

图 3-15　MNDWI 水体提取与监督分类水体提取比较

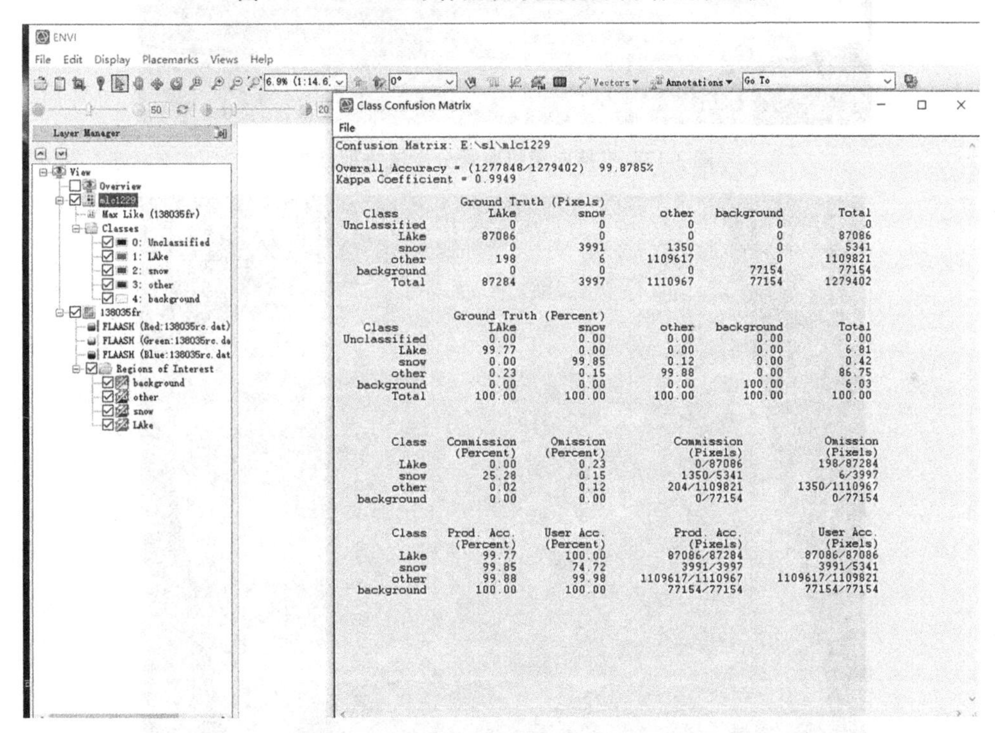

Confusion Matrix: E:\sl\mlc1229

Overall Accuracy = (1277848/1279402) 99.8785%
Kappa Coefficient = 0.9949

Class	Ground Truth (Pixels) LAke	snow	other	background	Total
Unclassified	0	0	0	0	0
LAke	87086	0	0	0	87086
snow	0	3991	1350	0	5341
other	198	6	1109617	0	1109821
background	0	0	0	77154	77154
Total	87284	3997	1110967	77154	1279402

Class	Ground Truth (Percent) LAke	snow	other	background	Total
Unclassified	0.00	0.00	0.00	0.00	0.00
LAke	99.77	0.00	0.00	0.00	6.81
snow	0.00	99.85	0.12	0.00	0.42
other	0.23	0.15	99.88	0.00	86.75
background	0.00	0.00	0.00	100.00	6.03
Total	100.00	100.00	100.00	100.00	100.00

Class	Commission (Percent)	Omission (Percent)	Commission (Pixels)	Omission (Pixels)
LAke	0.00	0.23	0/87086	198/87284
snow	25.28	0.15	1350/5341	6/3997
other	0.02	0.12	204/1109821	1350/1110967
background	0.00	0.00	0/77154	0/77154

Class	Prod. Acc. (Percent)	User Acc. (Percent)	Prod. Acc. (Pixels)	User Acc. (Pixels)
LAke	99.77	100.00	87086/87284	87086/87086
snow	99.85	74.72	3991/3997	3991/5341
other	99.88	99.98	1109617/1110967	1109617/1109821
background	100.00	100.00	77154/77154	77154/77154

图 3-16　最大似然法监督分类精度验证

经对比,分析 MNDWI 和最大似然分类法监督分类的结果。由图 3-16 可以看出,监督分类的精度较高,因监督分类几乎未提取积雪信息。但监督分类的方法会漏分,对于面积较小的湖泊,最大似然法会显示精度不足。

由于监督分类下面包含多种分类器,分类器的原理不同,就会造成分类的结果有所差别。下文介绍其他分类器选择得出的结果(见图 3-17 ~ 图 3-19)。

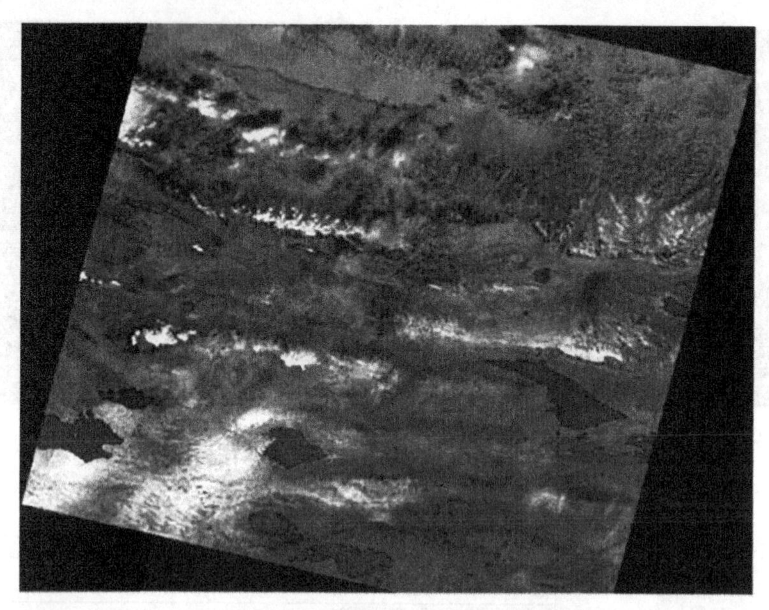

图 3-17　支持向量机监督分类法提取结果

图 3-18　神经网络法监督分类水体提取结果

图 3-19 最小距离法监督分类水体提取结果

对比分析支持向量机法、神经网络法、最小距离法可以看出,这几种分类器的水体提取结果均存在一定程度的误差,其中支持向量机法的缺点就是会把山体阴影误分为水体。神经网络法分得很细,划分的神经单元也比较小,积雪信息、阴影信息等不能很好地消除。最小距离法误差还是比较大,对于面积较小的湖泊提取精度较差。

NDWI 水体提取法在 ENVI 软件中,在前期数据预处理完成以后主要通过公式输入(见图 3-20、图 3-21),对应选取公式参数,阈值选取是提取水体数据的关键(见图 3-22),一般来说,按 NDWI>0 即可获取较好的效果,但也会将冰雪误分,本书结合目视解译逐步调整阈值,最终确定按 NDWI>0. 2 进行水体提取。NDWI 水体指数之所以被广泛应用,是因为所需波段数绝大多数卫星都可获取(见图 3-23、图 3-24)。

3.3.4 影像镶嵌

此步是在按照行或者列的数据预处理完以后,把分幅影像镶嵌成一张影像。具体设置见图 3-25。

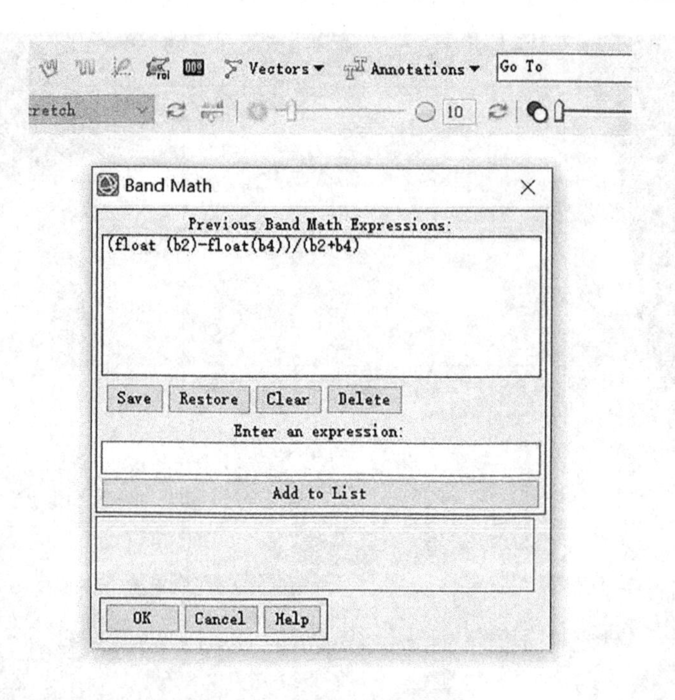

图 3-20　NDWI 水体提取公式输入

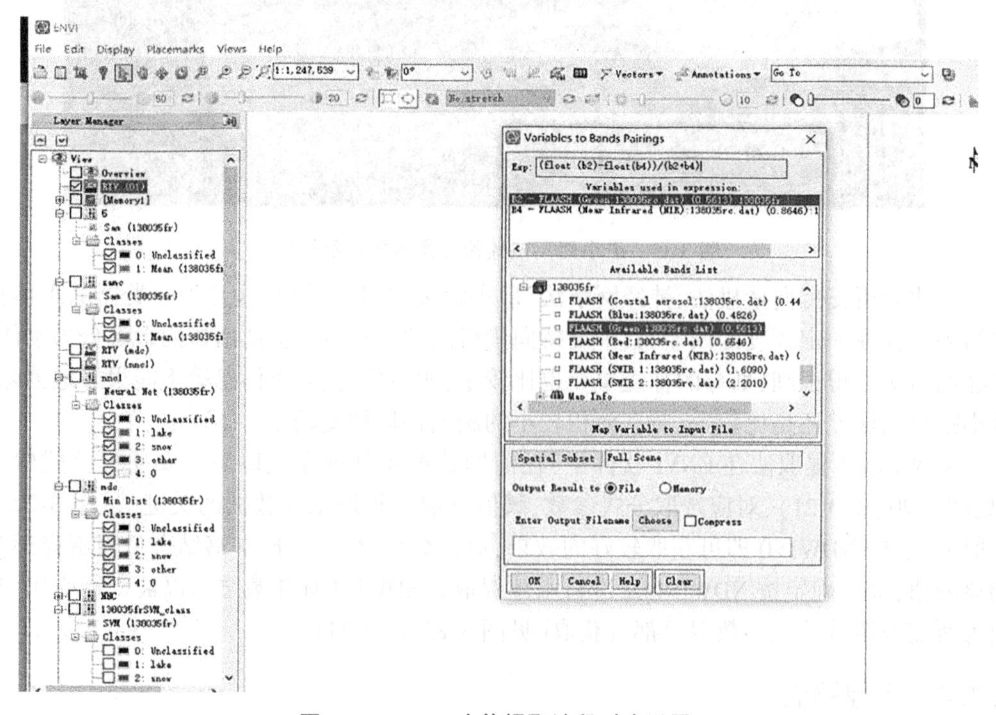

图 3-21　NDWI 水体提取波段对应设置

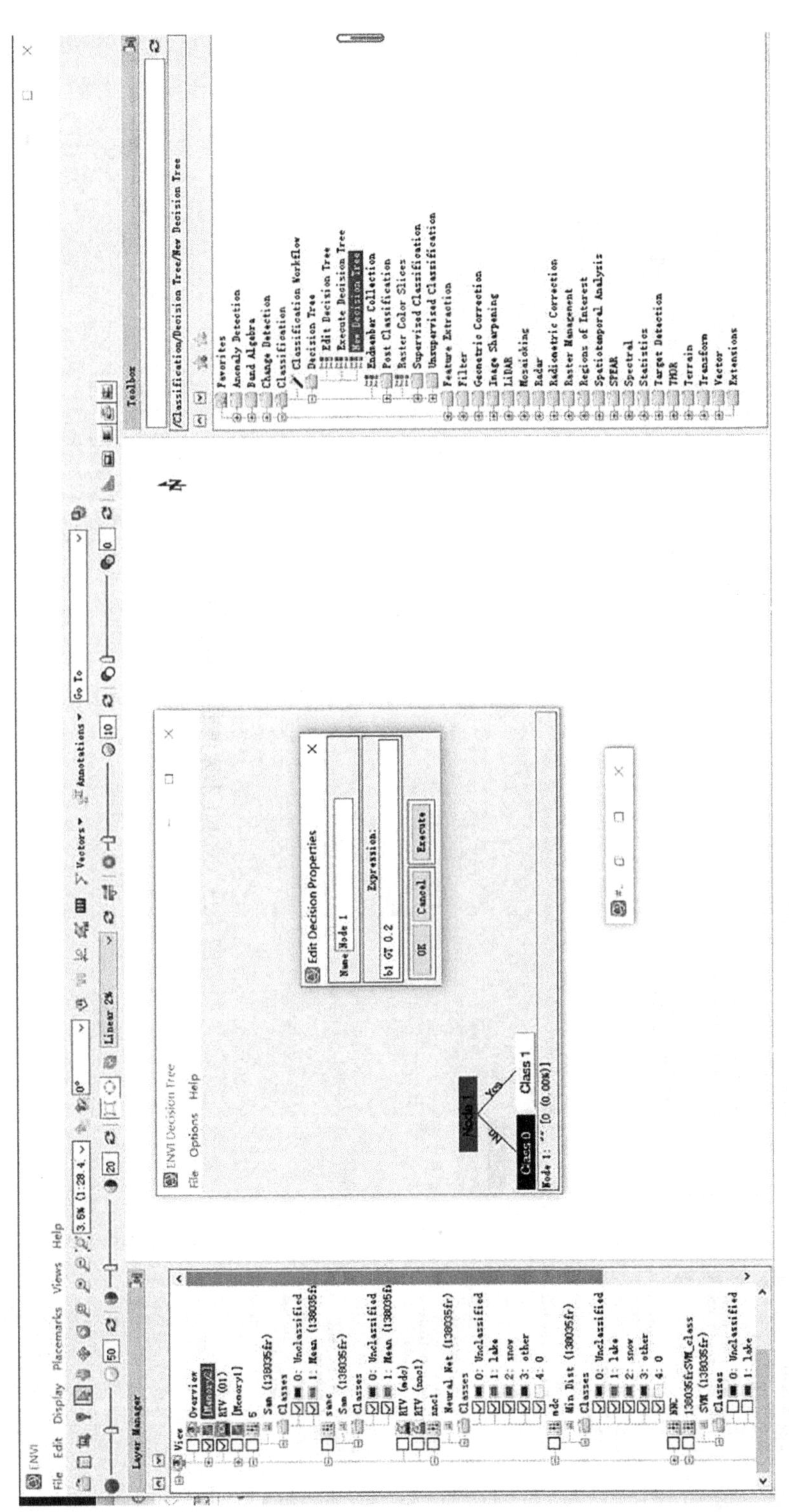

图 3-22　NDWI 水体提取构建决策树

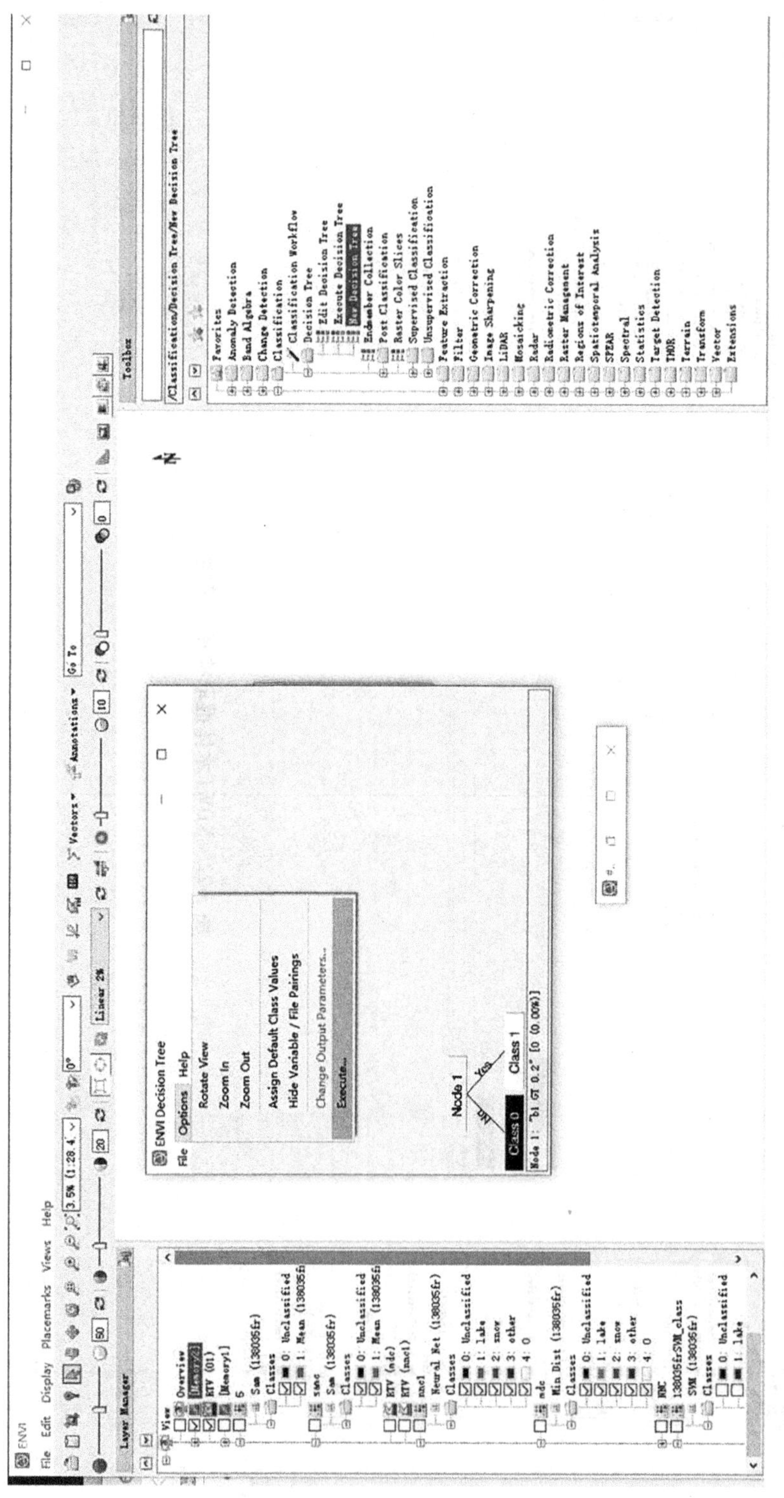

图 3-23　NDWI 水体提取决策树执行

图 3-24　NDWI 水体提取结果

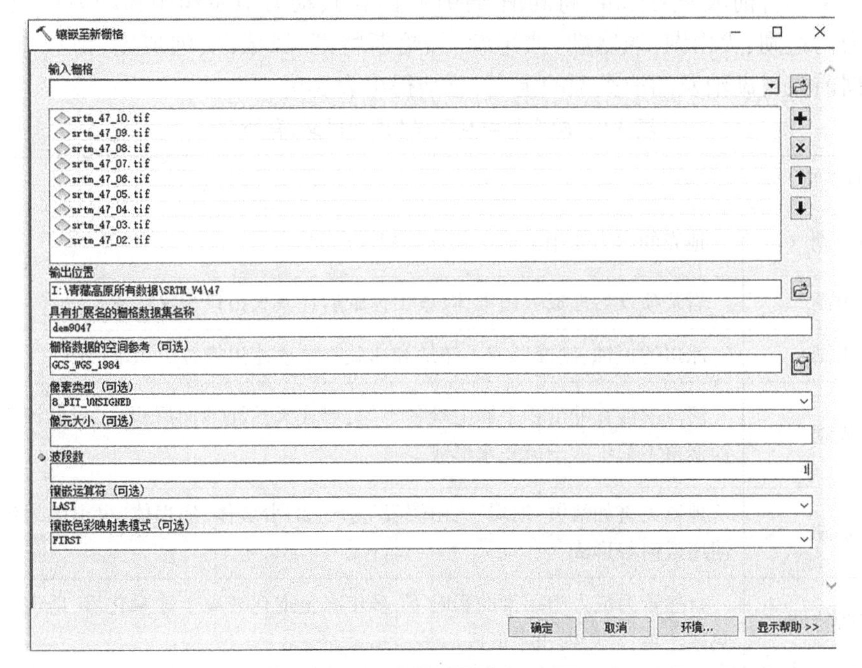

图 3-25　影像镶嵌参数设置

综合可知，MNDWI 方法整体准确度最好，再加上后期目视解译进行修改，可得出较为精确的数据，但由于 Landsat 数据分辨率的限制，整体精度在 80.1%左右。

3.4　青藏高原湖泊类型划分

湖泊的形成和发展是在特定的地理、地质条件下完成的。湖泊形成的两个必要条件：一是湖盆；二是丰足的积水。Imberger 对湖泊下了定义：形成于自然，且排泄量和补给量在自然河流系统控制中的水体。美国环境保护署将湖泊定义为“面积超过 0.01 km^2 的静水水体，且水域面积大于 0.01 km^2，最深水位超过 1 m”。从湖泊的水文特征分析，伍光和等概括湖泊为“水汇集于地面上的负地形，形成了一定面积的水域”。马荣华等概括湖泊为“陆域环境上的盆地或洼地集成面积宽广、换水周期长的水体”。王洪道、施成熙等将湖泊定义为“湖泊是陆域内一种封闭洼地上的水体，包含湖盆、湖水、水体中无机质、有机质及水生生物等，并在自然界的水分循环中起重要作用”。《中国水利百科全书》将湖泊定义为“湖盆及其容纳的水体，湖盆是地表的自然负地形，与外界水力联系少可蓄水”。刑子强等综合前人不同角度的分类，将湖泊定义为“湖泊是在陆地范围中，包括湖盆、水体以及水中所含生物和物质，具有换流周期较长、未接受海洋直接补给特征，是固定流域内的生态系统功能体现过程的参与者、实施者，是融合自然属性和社会属性的为一体的自然综合体”。

总结前人对湖泊的定义发现，湖盆是湖泊存在的先要条件，并且湖盆形成的多样性会直接决定湖泊类型的多样性。王苏民等认为湖盆的成因分类为湖泊成因分类的重要依据。刘振义结合前人分类标准，将湖泊按照内外营力、动力地质作用和动力地貌特征，将湖泊分为构造湖、火山湖、堰塞湖、冰川湖、热喀斯特湖、风成湖、河成湖、海成湖、人工湖等。根据前人对湖泊及湖泊类型的定义，总结得出表 3-9。

表 3-9　湖泊类型及定义（据刘振义，有补充）

湖泊类型	定义
构造湖	地壳的内力作用下形成湖盆后积水形成
火山湖	岩浆喷发后形成火山锥体，火山休眠后在其火山口积水形成
冰川湖	冰川的侵蚀、刨蚀形成了洼地和冰碛物堵塞冰川槽谷后积水形成
河成湖	河流挟沙在冲洪积平原上堆积不匀，形成天然洼地而后积水，或河流支流因泥沙淤塞不易汇入干流积水形成
堰塞湖	地质灾害如滑坡、崩塌、火山爆发等产生的滑坡体、崩塌体、火山熔岩流等堵塞河床或河谷形成
热喀斯特湖	自然营力或人为因素的影响下，多年冻土退化或地下冰融化后，地表沉陷形成热融洼地，经后期积水形成
人工湖	为满足灌溉、生活用水和发电，在平原区或山区的河道内筑建坝闸，积水成湖或水库

经综合青藏高原的地质动力、地理状况,现将青藏高原的湖泊划分为构造湖、冰川湖、热喀斯特湖、河成湖、堰塞湖和人工湖。

前人研究认为青藏高原的大、中型湖泊都是构造湖。本书根据构造湖的定义再结合湖泊和断层的关系,选定的原则为:①湖泊面积在中型(>100 km²)及以上的;②与断层有直接关系的小型或特小型湖泊,与断层距离在 40 km 以内的湖泊都认为是构造湖。位于多年冻土区的特小型或极小型湖泊为热喀斯特湖,在青藏高原冰川附近的有冰川湖和堰塞湖,本书将冰川融化在冰舌前方形成的湖泊以及冰川作用形成的湖泊认定为冰川湖。结合历史记录数据,本书将 20 世纪 80 年代、1990 年、2000 年、2005 年、2010 年、2015 年、2020 年的青藏高原的每类湖泊进行数量和面积统计(见表 3-10、表 3-11)。因 2000 年及以前图像分辨率问题,不易获得青藏高原人工湖和堰塞湖信息,所以会将人工湖误认为其他类型的湖泊。

表 3-10　20 世纪 80 年代至 2020 年青藏高原不同成因类型湖泊数量统计　单位:个

类型	20 世纪 80 年代	1990 年	2000 年	2005 年	2010 年	2015 年	2020 年
构造湖	1 089	1 093	1 273	1 163	1 169	1 239	1 451
冰川湖	8 002	8 133	11 475	14 988	15 298	19 375	20 329
堰塞湖	—	—	—	95	560	677	743
河成湖	80	141	148	152	187	219	270
热喀斯特湖	60 834	66 506	116 365	118 892	123 053	117 066	120 374
人工湖	—	—	—	271	309	402	415
总计	70 005	75 873	129 261	135 561	140 576	138 978	143 582

表 3-11　20 世纪 80 年代至 2020 年青藏高原不同成因类型湖泊面积统计

年份	面积/km²
20 世纪 80 年代	41 347. 84
1990	40 441. 40
2000	42 967. 54
2005	45 688. 12
2010	49 103. 66
2015	50 464. 06
2020	54 634. 44

由表 3-10 得出，湖泊个数从 20 世纪 80 年代的 70 005 个增加至 2020 年的 143 582 个，湖泊个数持续增加，从湖泊类型来看，主要增加的湖泊类型为热喀斯特湖。由表 3-11 得出，湖泊面积变化存在两个阶段，第一个阶段为 20 世纪 80 年代至 1990 年，湖泊面积呈减少趋势，由 41 347. 84 km^2 减少至 40 441. 40 km^2；第二阶段为 1990—2020 年，湖泊面积持续增加，增长至 2020 年的 54 634. 44 km^2。

青藏高原经历多次的抬升，形成了一定数量的构造湖，同时青藏高原更是世界中、低纬度高海拔多年冻土的代表、中低纬度冰川的集中分布区，故本书着重介绍了构造湖、多年冻土区热喀斯特湖和冰川湖。堰塞湖、人工湖和河成湖较少，堰塞湖主要分布在林芝市境内的沟谷内，雅鲁藏布江流经这里，沟壑发育，滑坡、崩塌、泥石流等的地质现象发育，形成了较多的堰塞湖（见图 3-26）。

图 3-26　青藏高原堰塞湖

河成湖主要分布在河流的两侧，且为比较平坦的地方。本次解译的河成湖（见图 3-27）主要为河流挟沙长期逐渐堆积在冲洪积平原后积水而成的湖泊。河成湖分布在雅鲁藏布江沿线，主要是因为雅鲁藏布江河流宽阔，河道平坦，挟沙量较大，易堆积成天然堤，并在天然堤之间洼地积水。

青藏高原被认为是中国最大的天然水库，滋养着众多人口。境内的雪山和其他各种形式的水资源广泛分布，青藏高原降水量较少，且水资源分布不均，为均衡区域水资源，在河流的上游区，水源充足，适合修建水库和水电站，起到拦洪削量的作用，以免突发洪水给下游带来灾害。水电开发是青藏高原生态安全屏障建设的主力军。青藏高原边缘是我国干热河谷最集中的区域，蕴藏了我国近一半的水能资源。鉴于剩余水电资源主要集中在西部青藏高原边缘的特点，业内人士普遍认为，未来水电开发需要深入贯彻生态优先、绿色发展理念，以生态、减灾、发电为三大目标，实现青藏高原水资源综合利用。以水电为先导，带动风光水能互补开发，将各条河流建设成生态走廊，形成环绕在青藏高原边缘的生

图 3-27　青藏高原河成湖

态屏障,可实现青藏高原生态建设的产业化和产业发展的生态化。

青藏高原过渡带海拔 1 000~4 000 m,生态敏感,地质灾害频发,水电开发顺应了河流自然阶梯化过程、消除了河流破坏力、减少了滑坡堵江等地质灾害,起到与“淤地坝”“梯田”保持水土和山体稳定的类似作用。通过水电“流域、梯级、滚动、综合”开发,“水塔”装上“开关”,调节有限的水资源,来满足生产、生活、生态的需要,实现经济、社会、生态的可持续发展。青藏高原流域梯级水电站所形成的水库的湿地作用和“冷湖效应”,能够增加水库周边的湿度和降水,改善陆生环境,这些都有利于增加生物多样性,减缓青藏高原冰川融化和雪线上升,促进干热河谷的植被生长,修复生态。这些流域在青藏高原边缘形成一道约 10 万 km^2 的生态屏障。我国于 20 世纪 60 年代自主设计、建设的新安江水电站早已变身为“千岛湖”;20 世纪末建成的水电站——雅砻江二滩水电站,使生态脆弱、植被稀疏的干热河谷变成了国家级深林公园。

青藏高原满拉水库见图 3-38。

图 3-30　青藏高原满拉水库

著名的龙羊峡水库(见图3-29、图3-30)位于青海省共和县境内的黄河上游,是黄河流经大草原后,进入黄河峡谷区的第一峡口。水电站面积近383 km^2,水库设计蓄水位2 600 m,总库容量247亿 m^3,是黄河上游的首座大型梯级电站,是一座具有多年调节性能的大型综合利用枢纽工程。工程以发电为主,兼有防洪、灌溉、防凌、养殖、旅游等综合效益。电站装机容量128万kW,保证出力58.98万kW,年发电量59.42亿kW·h。经龙羊峡水库调蓄后,可将洪峰下泄流量控制在4 000~6 000 m^3/s,并可提高刘家峡、盐锅峡、八盘峡水电站及兰州市等防洪标准。与刘家峡水库联调,除可满足黄河上游河口镇以上127亿 m^3 及河口镇以下250亿 m^3 的工农业城镇用水外,还可提高已建成的刘家峡、盐锅峡、八盘峡、青铜峡4个水电站的保证出力25.48万kW,年发电量5.13亿kW·h。工程枢纽由主坝,左、右岸重力墩和副坝,泄水建筑物及电站厂房等组成。

图3-29　青藏高原龙羊峡水库影像

图 3-30　青藏高原龙羊峡水库主坝

在西藏还分布着较多的水库,具有重大的经济社会和文化审美功能。青藏高原境内云南省的人工湖以小型水池和水库为主,主要用于生活用水、农业灌溉和城市绿化用水。

云南村庄密布小型水库见图 3-31。

图 3-31　云南村庄密布小型水库

3.5　青藏高原湖泊发育特征

3.5.1　青藏高原湖泊规模及数量

根据我国湖泊规模分类的原则和青藏高原湖泊面积的现状，本书将湖泊按湖水面积分为六大类：湖泊面积≥1 000 km^2 的为特大型湖，面积在 500~1 000 km^2 的为大型湖泊，面积在 100~500 km^2 的为中型湖泊，面积在 10~100 km^2 的为小型湖泊，面积在 1~10 km^2 的为特小型湖泊，面积小于 1 km^2 的为极小型湖泊。本书利用青藏高原全区范围内 138 幅遥感影像，共解译出 2020 年青藏高原湖泊面积大于 1 000 km^2 有 6 个，其中青海湖面积最大，面积为 4 494. 07 km^2，其次为色林错湖和纳木错湖，面积分别为 2 407. 21 km^2 和 2 012. 65 km^2；面积在 500~1 000 km^2 的为大型湖泊，有 11 个；面积在 100~500 km^2 的为中型湖泊，有 79 个；面积在 10~100 km^2 的为小型湖泊，有 356 个；面积在 1~10 km^2 的为特小型湖泊，有 999 个；面积小于 1 km^2 的为极小型湖泊，有 142 131 个(见表 3-12)。

3.5.2　青藏高原湖泊几何形态特征

青藏高原湖泊众多，湖泊形态形成过程相当复杂。湖泊在形成及演化过程中，时时刻刻受自然因素和人为因素的影响。湖泊形态的特征及变化过程，不仅对湖泊面积、水位、水量，湖泊的物质循环，湖泊的色度、盐度等以及生态系统的变化有重要意义，同时为湖泊可持续发展、湖泊生态系统维护提供理论依据。目前，还未有对青藏高原湖泊形态的统计结果，依据湖泊形态受构造、地形地貌、气候因素等，将湖泊形态分为椭圆状、条带状、环状、透镜状和不规则状。其中，条带状是长宽比在 6∶1以上的湖泊；不规则状长宽比在 6∶1以下，且面积较大；透镜状为中间宽、两边窄的湖泊；环状为中间存在较大面积的陆地；椭圆状是由圆形变的长圆形，一般比圆形扁(见表 3-13)。

表 3-12　2020 年青藏高原湖泊分布现状统计

单个湖泊面积 S/km^2	湖泊名称	湖泊面积/km^2	湖泊总面积/km^2	湖泊数量/个
S≥1 000	青海湖	4 494. 07	12 122. 1	6
	色林错	2 407. 21		
	纳木错	2 012. 65		
	多尔索洞错+米提江占木错	1 089. 06		
	阿牙克库木湖	1 077. 35		
	扎日南木错	1 041. 76		

续表 3-12

单个湖泊面积 S/km²	湖泊名称	湖泊面积/km²	湖泊总面积/km²	湖泊数量/个
500≤S<1 000	当惹雍错	863. 38	6 723. 28	11
	鄂陵湖	685. 92		
	班公错	667. 18		
	乌兰乌拉湖	657. 32		
	哈拉湖	629. 39		
	阿其克库勒湖	572. 97		
	羊卓雍错	551. 47		
	扎陵湖	544. 05		
	西金乌兰湖	533. 0		
	昂拉仁错	515. 5		
	多格错仁	503. 1		
100≤S<500	库赛湖、卓乃湖等		16 962. 52	82
10≤S<100	扎西错、公珠错等		12 167. 13	346
1≤S<10	—		3 868. 97	999
0. 1≤S<1	—		1 842. 04	6 084
0. 01≤S<0. 1	—		999. 164	33 406
0. 001≤S<0. 01	—		945. 38	98 907
S<0. 001	—		2. 9	3 734
总计			55 633. 484	143 375

因遥感解译的数据从栅格转换成矢量会形成锯齿状边缘，对于分析形状，存在较大误差。本书基于目视解译的湖泊数据，对面积大于 1 km² 的 1 451 个湖泊进行形状匹配，并将机译的所有湖泊边缘光滑后利用相关形状指数计算。

表 3-13 青藏高原湖泊形状与典型湖泊对照

形态分类	椭圆状	条带状
典型湖泊	茶卡盐湖	班公错
湖泊影像	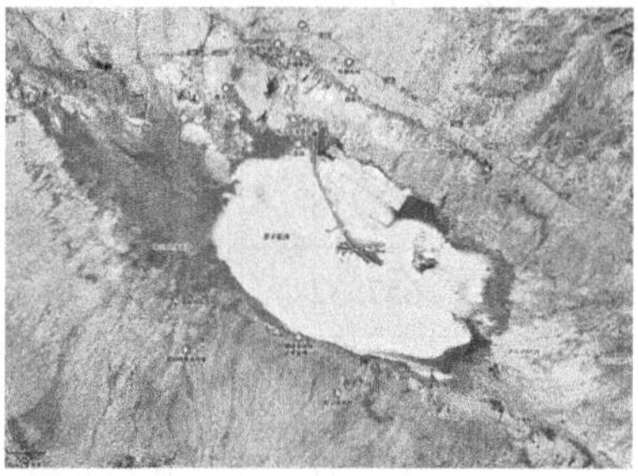	
形态分类	环状	透镜状
典型湖泊	羊卓雍错	涌波错
湖泊影像	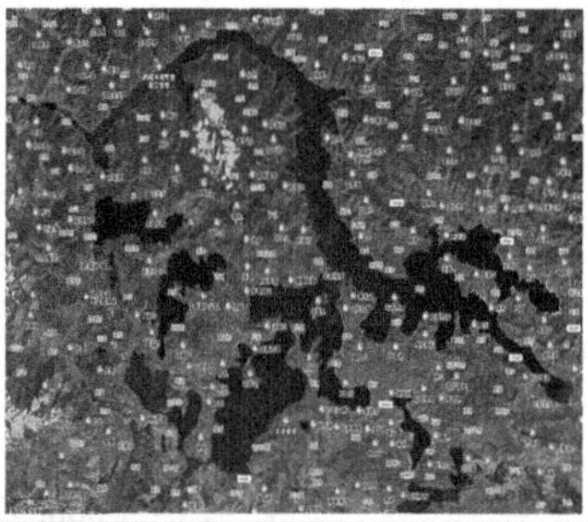	
形态分类	不规则状	
典型湖泊	青海湖	色林错
湖泊影像	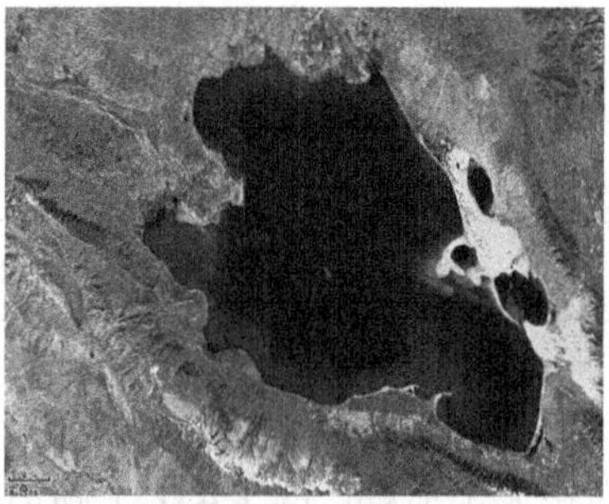	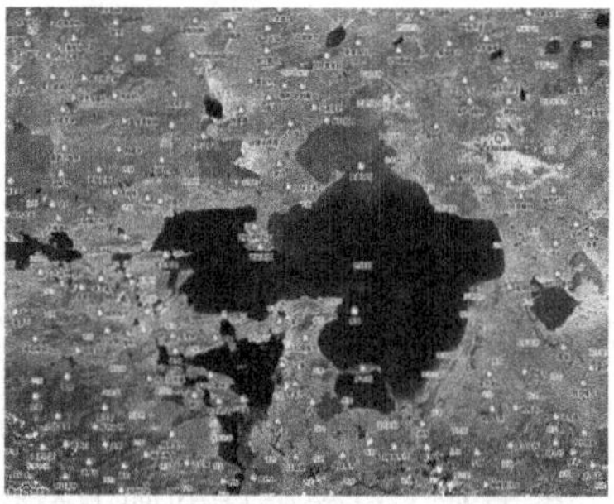

本书以 2020 年青藏高原湖泊数据为基础,对目视解译的 1 451 个面积大于 1 km^2 的湖泊逐个进行形态特征统计分析,得出表 3-14~表 3-16,并对面积小于 1 km^2 的湖泊进行选区统计,发现小型湖泊以椭圆和条带状居多。结合冻土类型和小型湖泊分布来看,极小型和特小型湖泊主要为多年冻土区的热喀斯特湖。

表 3-14　青藏高原面积在 100～500 km² 的湖泊形态分类

湖泊几何形态分类	湖泊数量/个	占比/%
椭圆状	23	28.05
条带状	18	21.95
环状	2	2.44
透镜体状	6	7.32
不规则状	33	40.24

表 3-15　青藏高原面积在 10～100 km² 的湖泊形态分类

形状分类	湖泊数量/个	占比/%
椭圆状	102	29.48
条带状	31	8.96
环状	81	23.41
透镜体状	12	3.47
不规则状	120	34.68

表 3-16　青藏高原面积在 1～10 km² 的湖泊形态分类

形状分类	湖泊数量/个	占比/%
椭圆状	226	22.62
条带状	282	28.23
环状	47	4.70
透镜体状	176	17.62
不规则状	268	26.83

表 3-14～表 3-16 显示，在面积为 10～500 km² 的湖泊中，形状以不规则状最多，椭圆状湖泊个数次之，透镜体状和环状湖泊较少。在面积为 1～10 km² 的湖泊中，条带状和不规则状居多。

本书还对不同类型湖泊进行了形状定性统计，发现热喀斯特湖的形态以圆形和椭圆形居多，面积小。罗京和牛富俊等研究发现，由于气温升高，多年冻土融化过程中，热喀斯特湖会继续对湖底及湖周边产生巨大的热效应，影响范围广泛，当发展到一定程度，会在湖泊下方形成多年融区，且对湖泊侧向有着极强的热侵蚀能力，导致湖泊四周慢慢下陷，从而形成近圆形的湖泊；冰川湖主要呈长条形，这主要是因为冰川所处位置的地形因素，冰川融化后在冰川的冰舌前缘逐渐积水；其他类型湖泊以不规则状居多。

本书还基于获得的湖泊数据,利用地理学中景观指数指标,分析其形态特征。以湖泊面积(S)、湖泊周长(P)为基础数据,形状指数(shape index,SI)是计算湖泊形状与同等面积的圆或正方形之间的偏离程度,有时也称岸线的发育系数(shoreline development index,SDI),表示湖岸线的不规则性。岸线发育系数越大,湖岸线越复杂,湖泊形状越偏离规则形状(见表 3-17)。以圆形为参照的公式如下:

$$\mathrm{SI} = P/2\sqrt{\pi S} \tag{3-22}$$

式中:P 为湖泊周长;S 为湖泊面积。

表 3-17 湖泊形状指数及对应湖泊个数

SI	湖泊数量(面积大于 1 km² 个数)/个	占比/%
1.06~3	127 657 (300)	88.91
3~4	13 778 (504)	9.59
4~5	1 435(279)	1.00
5~6	372(139)	0.26
6~7	156(87)	0.11
>7	184(144)	0.13

分形维数(fractral dimension,FD)是表明湖泊形态复杂程度的指数。分形维数的方法基本有两种:一种是用不同规格的尺子及测量次数来确定,又称量规法;另一种是利用不同边长的正方形网格覆盖被测的湖泊岸线,随着正方形的边长变化,正方形的个数也会发生变化,又称网格法。本书选取网格法进行计算,得出分形维数在[1,2]之间,越接近 1,湖泊越相似,湖泊形状也越整齐,表明受的干扰越大;当分形维数越接近 2 时,湖泊越不相似,几何形态越复杂,受人为因素的干扰越小。分形维数的计算公式为

$$\mathrm{FD} = \frac{2\ln \frac{P}{4}}{\ln S} \tag{3-23}$$

式中:P 为湖泊周长;S 为湖泊面积。

本次统计得出,FD 值在[1,2]的湖泊有 155 个,其余的湖泊 FD 值均不在此区间,且 155 个湖泊面积均大于 10 km^2,其中 6 个湖泊面积大于 1 000 km^2,11 个湖泊面积大于 500 km^2,64 个湖泊面积在 100~500 km^2,其余湖泊面积皆为 10~100 km^2。FD 值越大,对应的湖泊面积越大,FD 值在[1.8,2]之间的湖泊共有 96 个,其中面积大于 1 000 km^2 的 6 个湖泊的 FD 值均大于 1.8。FD 值在[1.5,1.8]之间的湖泊有 58 个。

3.6 青藏高原湖泊分布规律

3.6.1 湖泊分布与海拔关系

本书利用 90 m 的 DEM,将 DEM 数值重分类成 10 个区间,利用 ArcGIS 中矢量和栅格

分区统计功能,以湖泊矢量图层为边界,统计其内各湖泊多边形对应的栅格属性值。具体流程为 Spatial Analyst Tools(空间分析)—Zonal(区域分析)—Zonal statistics as table(以表格显示分区统计),按照对话框的提示选择数据就可以执行计算。本书选取平均高程将分区统计结果关联至矢量图层。统计结果显示出湖泊多分布在海拔 4 000~5 000 m 和 5 000~6 000 m 的范围内,占比分别为 60.24%、30.92%,这主要是因为青藏高原的平均海拔也在这个区间,在较高海拔和较低海拔范围内湖泊分布极少(见表 3-18、图 3-32)。

表 3-18　不同海拔高程湖泊分布情况

海拔高程/m	湖泊数量/个	累计占比/%
<1 000	96	0.08
1 000~2 000	144	0.2
2 000~3 000	5 624	4.86
3 000~4 000	4 167	8.31
4 000~5 000	72 726	68.55
5 000~6 000	37 333	99.47
>6 000	635	100

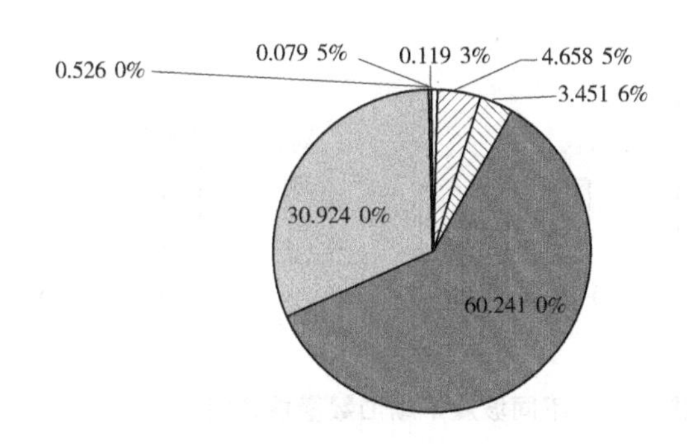

图 3-32　不同海拔下的湖泊数量占比

3.6.2　湖泊分布与坡度关系

坡度是地表单元陡缓程度的定量描述。本书利用 ArcGIS 中的 Spatial Analyst Tools-Surface-Slope,即可基于 DEM 得到研究区坡度分布图,将得到的坡度重分类成地质通用分类区间。利用上述统计海拔的方法,将海拔换成坡度,即可得到湖泊在不同坡度范围内的分布规律。发现坡度在<3°的范围内的湖泊占 52.34%,坡度在<10°范围内的湖泊占 63.61%,坡度在<30°范围内的湖泊占 85.21%,坡度在<40°范围内的湖泊占 99.19%,超

过55°的坡度上不发育湖泊。由此可见,平缓的地形更容易形成湖泊。具体见统计表3-19和图3-33。在坡度较高的区域即青藏高原的边缘区域,这里主要分布着冰川湖和堰塞湖。

3-19 不同坡度湖泊数量分布统计

坡度/(°)	湖泊数量/个	累计占比/%
<3	63 184	52.34
3~10	13 613	63.61
10~20	12 230	73.74
20~30	13 849	85.21
30~40	16 873	99.19
<55	976	100

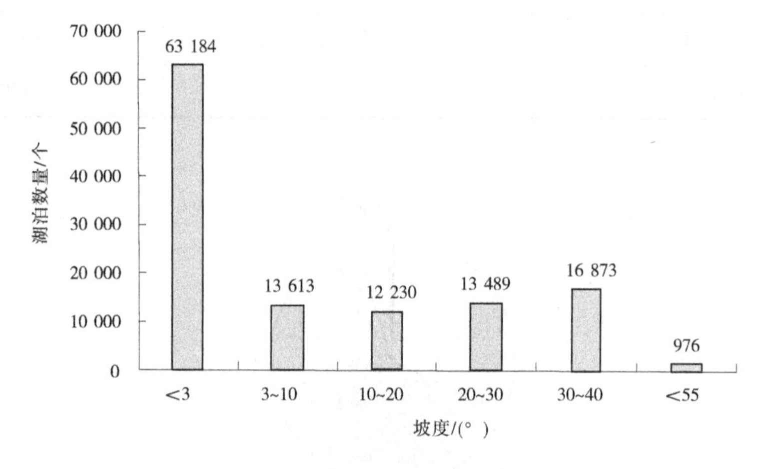

图3-33 不同坡度下湖泊数量柱状图

3.6.3 湖泊分布与构造关系

在一般自然情况下,湖泊的几何形态会趋于椭圆形或圆形,但若湖泊分布在构造带上,其形状往往与断裂方向有吻合性。从构造和湖泊分布来看,面积较大的湖泊与构造背景关系密切;构造部位不同,造成湖泊形态、长轴方向和湖泊的性质都会存在差异。

在青藏高原的北部阿尔金—东昆仑左行走滑的构造体系内,形成了近EW的湖盆区,在大型走滑断裂主干附近,常形成面积较大的湖泊,且湖泊长轴方向和主干断裂近于一致。在剪切带内的众多的小型湖泊,形态多为椭圆状,湖泊的长轴方向大部分与断层走向有小角度交角。青藏高原南部的NW—NWW向右行走滑断裂,在以日土—嘉黎断裂、喀喇—雅鲁藏布断裂为主导的构造体控制下,分布着几十个大、中型湖泊,湖泊的长轴方向与断裂带基本一致,如著名的班公错湖;在主干断裂附近的伴生小型的断裂带位移较小,控制较小面积的湖泊群。在青藏高原腹地是典型的断-凹陷区,也是羌塘高原的核心区,中型湖泊在此集中分布,形态多呈不规则型,湖泊成因以凹陷为主,少部分属于断陷,因此本区域内的湖泊分布形态规律性较差。本书归纳出的规律与刘刚等研究结论基本一致。

本书将 2020 年面积大于 1 km^2 的湖泊与断层的关系进行了详细的统计,发现这些湖泊大多数与断层分布存在着一定的关系,大型湖泊都受构造体控制。面积在 100~500 km^2 的湖泊中有 33 个被一条断层穿越,每个湖泊周边都存在断层,最大距离为 40 km。根据不同的湖泊规模,整理出表 3-20~表 3-22。

表 3-20　面积在 100~500 km^2 的湖泊与断层分布关系

湖泊与断层分布关系	湖泊个数/个
一侧有断层	23
两侧有断层	20
一条断层穿越湖泊	33
两条断层穿越湖泊	6
三条断层穿越湖泊	1

表 3-21　面积在 10~100 km^2 的湖泊与断层分布关系

湖泊与断层分布关系	湖泊个数/个
一侧有断层	149
两侧有断层	56
断层穿越湖泊	72

表 3-22　面积在 1~10 km^2 的湖泊与断层分布关系

湖泊与断层分布关系	湖泊个数/个
一侧有断层	438
两侧有断层	14
断层穿越湖泊	43
40 km 内有断层	596

3.6.4　湖泊分布与土壤类型关系

青藏高原自然环境复杂,气候分布受季风和海拔的影响,引起了植被和土壤类型的水平向和垂直向的差异性。青藏高原的土壤类型随高程变化呈现出显著的立体分布形式。青藏高原的土壤类型主要为高山漠土、草甸土和草原土。其中,高山草甸土主要分布在青藏高原的东南部、东部,这里气候凉爽,相对湿度较大,年平均气温在-2~2 ℃,年降水量颇丰,在300~400 mm。高山草甸土表层由草皮及大量的草根盘互交错而成。土壤表层质地偏粗,砾石含量较大,含量在30%~50%。除大量的砾石外,土壤中还含有40%~50%的沙,这种土壤极易产生沙化。由于碎石和沙的存在,所以草甸土渗透性好,草甸土下易形成含水层,当海拔高于4 000 m时,含水层的水冻结成冰。青藏高原的土壤不仅存在显著的垂直结构,还存在层次分明的水平结构。在祁连山东部分布着大面积的山地栗钙土及黑钙土和灰褐土,由于放牧草地退化,这里湖泊分布较少。柴达木盆地东部以棕钙土为主,西部为灰棕漠土。该区降水量少、蒸发量大,仅存在一些面积较大的构造湖,因含盐量较大,又称盐湖。羌塘高原主要为原始的高山漠土,土壤砾石和小碎石含量多。羌塘高原降水量较丰,利于草原型植被的发展,据杨成等对青藏高原表层土壤热通量的空间统计,统计了高原稀疏草甸、高寒草甸、高山草原、高寒草原等不同类型的下垫面,发现高寒草甸区土壤热通量的振幅明显高于高寒草原区。根据不同下垫面土壤热通量与对应的地表温度的关系,发现正相关关系大小依次是高寒草原、高寒漠土、高寒草甸。本次基于1:400万中华人民共和国土壤图,将数据修编成15大类,可以看出青藏高原湖泊主要分布在高山漠土上,其中高山漠土在原分类上包括冻薄层土。由高山漠土的组成及其分布的海拔高度可以看出,高山漠土厚度0~1.5 cm、石砾含量较多、孔隙大,表层为一层薄草层结皮,多孔,颜色为棕灰色,易碎,多角形裂缝密布,在表层的结皮中常含有小规格的碎石和浮沙,渗透性好,利于水的存储,所以其下广布地下冰。从湖泊类型上看,构造湖一般面积较大,主要由构造控制,与土壤类型关系不明显。但是小面积的湖泊即热喀斯特湖广泛分布,这就很好对应了高山漠土的物理性质及热喀斯特湖的定义。

3.6.5 湖泊分布与植被类型关系

由3.6.4小节可以知道,土壤的类型及气候带决定着植被的类型。青藏高原广布草原和高寒蒿草及杂草草甸。这些区域由于长期重度放牧,导致土壤有机质减少,土壤沙粒增加,土壤呼吸降低。再加上草原植物的根系错综复杂,导致土壤质地疏松。赵恒策在青海省的江河源区研究草地土壤的可蚀性发现,含水量随海拔升高而降低,草原土壤的饱和渗透系数先增加后渐平缓,而草甸土壤先降低后增加。土壤的粒径和团聚体是控制草原土壤可蚀性的主要因素;粒径孔隙分布和有机质是控制草甸土壤可蚀性的主要因素,也就可以说明草原和草甸土上植被稀疏,易形成土壤侵蚀。在影响植被的重要因素中,水分是其中之一,草甸一般最宜生存在适中的水分条件下,草原一般生存在半干旱-半湿润的环境下。湖泊的存在可以保持一定区域的小气候,所谓小气候就是在局部范围内水分以水蒸气和降水两种形式来回转化,以此循环保持干湿度,维持植被生存需水量。综上所述,土壤和水分决定植被类型,植被类型又反过来作用于土壤,土壤类型的不同进而影响湖泊的分布。青藏高原其他植被对气候和水分条件的要求较特殊,比如在盐湖附近则生长着耐盐抗旱的植物,针阔叶混合林则生存在青藏高原的边缘区域,耐寒抗旱。

3.7　本章小结

青藏高原湖泊众多,本书选用 Landsat 系列影像,依次经大气校正—辐射定标—镶嵌与裁剪—投影变换一系列预处理程序,对处理好的影像进行水体提取。经对比分析水体指数法和监督分类法,选取 MNDWI 水体指数先进行自动提取,将自动提取的水体信息导出为矢量,再结合影像目视解译对矢量数据进行修正。最后统计湖泊的规模、类型、几何形态、分布规律等数据,主要有以下结论:

(1)根据湖泊成因,将青藏高原湖泊划分成构造湖、热喀斯特湖、冰川湖、河成湖、堰塞湖和人工湖。得出 20 世纪 80 年代至 2020 年青藏高原湖泊数量呈增加趋势,湖泊面积在 20 世纪 80 年代至 1990 年呈减少趋势,在 1990—2020 年呈增加趋势;湖泊面积由 20 世纪 80 年代的 41 347. 84 km^2 减少至 40 441. 40 km^2,后增长至 2020 年的 54 634. 44 km^2。

(2)详细进行了面积>1 km^2 的湖泊几何形状匹配,面积在 100~500 km^2 的湖泊,40. 24%为不规则状,28. 05%为椭圆状;面积在 10~100 km^2 的湖泊,34. 68%为不规则状,29. 48%为椭圆状;面积在 1~10 km^2 的湖泊,26. 83%为不规则状,22. 62%为椭圆状,条带状最多达 28. 23%。可以看出,面积>1 km^2 的湖泊中,不规则状和椭圆状占大部分,这也说明多数湖泊在自然状态下发展。

(3)统计 2020 年湖泊在海拔、坡度、土壤类型、植被类型的分布关系,得出湖泊分布在海拔<1 000 m 的仅占 0. 08%,海拔<5 000 m 的占 68. 55%,海拔在 5 000~6 000 m 的占 30. 92%。从湖泊在不同坡度的分布来看,湖泊分布在坡度<3°的占 52. 34%,坡度<10°的占 63. 61%,坡度>30°的仅占 14. 79%。

(4)根据 1∶400 万的中华人民共和国土壤图裁剪修编青藏高原土壤图,得出湖泊主要分布在高山漠土上。根据 1∶100 万植被类型图和湖泊的关系,得出湖泊主要分布在草原和高寒草甸植被类型上。

第 4 章　青藏高原构造湖演化规律

4.1　青藏高原构造湖演化分析

青藏高原处于 50~45 Ma 欧亚大陆与印度大陆接合部位——特提斯构造的东段，青藏高原经历了多期多次的洋壳俯冲、陆-弧碰撞和陆内聚会等一系列的拼合大事件，并且处于长期、正进行的活动状态。第四纪以来，强烈的新构造运动导致地壳剧烈的隆起，使全球地貌发生了明显的变化，也迫使湖泊出现了大幅度的迁移、新生和消失。青藏高原的强烈隆起，使南北向挤缩、东西向伸张及断块的下陷，从而形成了一系列的新生代构造湖盆。在青藏高原新构造和气候的影响下，青藏高原的构造湖整体上呈现出南北分带、东西分区的明显特征。

青藏高原由于受高原隆起的影响，区内近似东西向的深大断裂发育，在构造谷地低洼地区多呈现纵向延伸的湖泊，湖泊长轴与区域构造线方向相吻合，说明湖盆的形成明显受区域构造线的控制。

本书结合湖泊规模以及湖泊与构造的距离关系甄选出青藏高原的构造湖，经统计得出构造湖数量和面积变化（见表 4-1、图 4-1、图 4-2）。

表 4-1　20 世纪 80 年代至 2020 年青藏高原构造湖数量和面积变化

年份	数量	面积/km^2
20 世纪 80 年代	1 089	39 512. 24
1990	1 093	38 660. 12
2000	1 273	40 957. 9
2005	1 163	43 069. 1
2010	1 169	45 918. 67
2015	1 239	47 416. 73
2020	1 451	50 900. 37

由表 4-1、图 4-1 和图 4-2 可以看出，青藏高原构造湖数量变化分为两个阶段：第一阶段，20 世纪 80 年代至 2000 年，个数持续增加，由 20 世纪 80 年代的 1 089 个增长至 2000 年的 1 273 个；第二阶段，从 2005 年至 2020 年湖泊个数持续增加，2020 年湖泊个数增加至 1 451 个，相比于 20 世纪 80 年代增加了 362 个。湖泊面积从 20 世纪 80 年代至 1990 年呈减少趋势，1990—2020 年呈持续增加趋势，20 世纪 80 年代至 2020 年湖泊面积共增加了 11 388. 13 km^2。

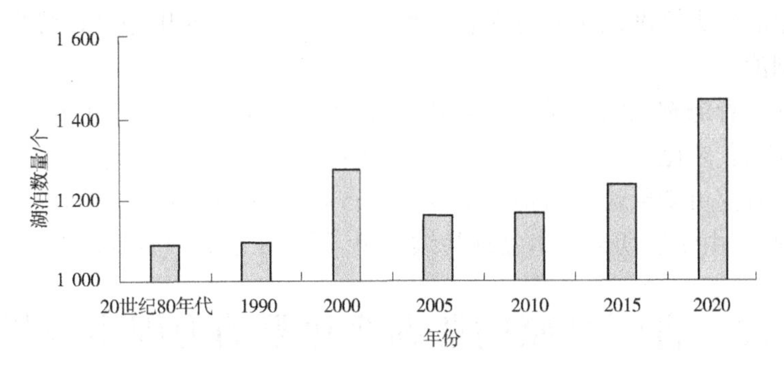

图 4-1　20 世纪 80 年代至 2020 年青藏高原构造湖数量变化

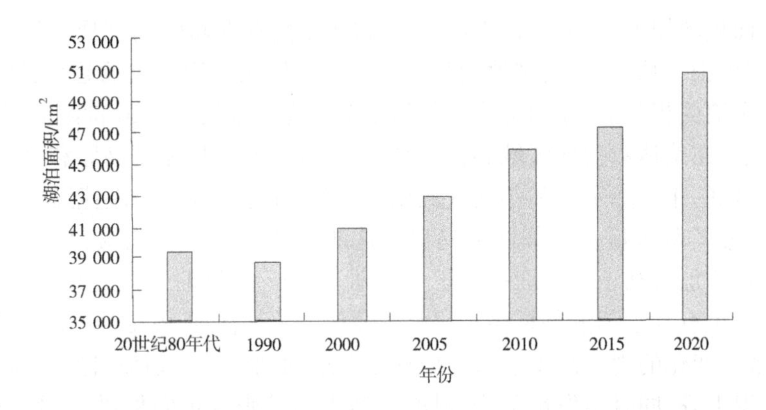

图 4-2　20 世纪 80 年代至 2020 年青藏高原构造湖面积变化

青藏高原构造湖整体分布与活动断层分布有着极强的吻合性。整体上看，近东西向的活动断层控制着高原湖盆的形成和发育，有的湖泊还受多条断层的影响。北东、北西、南北向湖泊多数是发育于高原表面张性、张扭性的断陷地堑构造，并且在断层附近发育着大面积的构造湖。从青藏高原的活动断层中选出主要的走滑断层，将青藏高原的构造湖划分为 4 个典型湖泊带，分别为 A 拉昂错—羊卓雍错湖泊带、B 班公错—纳木错湖泊带、C 邦达错—可可西里湖泊带、D 柴达木—青海湖湖泊带。

A 拉昂错—羊卓雍错湖泊带西起阿里地区的拉昂错，东至羊卓雍错，位于喜马拉雅山以北，沿雅鲁藏布江分布，受东西向喀喇—雅鲁藏布断裂、南北向亚东—谷露断裂及北东向的主边界断裂控制。本湖泊带继承第三纪盆地的轮廓，第四纪以来又有新的断陷盆地形成。

B 班公错—纳木错湖泊带曾被认为是一条板块的缝合线，经达则错、色林错向东与怒江接连，在此区域盆地宽阔且连续。此湖泊带在南北两条东西构造及多条南北向构造剪切呈块状，即次级盆地，次级盆地平坦宽阔易形成大型湖盆。在众多断层控制的湖泊带交汇处形成了面积较大的构造湖，如纳木错、班公错、色林错等。

C 邦达错—可可西里湖泊带西起邦达错，向东至可可西里湖。此区域主要受日土—嘉黎断裂、玉树—鲜水河等两条大走滑断裂控制，走滑断裂形成宽阔的盆地，地势整体平缓。此湖泊带湖盆宽阔且连续性好，且此区域的地形高差也不大于 500 m，湖泊呈群串分布。这个区域的较大型湖泊主要分布在可可西里地区，可可西里地区地势平缓，内流水系汇集易形成湖泊。

D 柴达木—青海湖湖泊带东起青海湖，经格尔木至柴达木盆地，主要受阿尔金断裂—康西瓦、海源断裂、东昆仑断裂等控制。盆地宽而平坦，湖泊主要分布在盆地边缘、断裂前。根据前人研究可知柴达木盆地很早以前是古海区，后期高原隆起抬升，使得柴达木变为封闭的盆地，再由于后期柴达木盆地持续干旱，所以在这里的多数湖泊类型为盐湖。

4.2 青藏高原构造湖演化驱动力因素分析

根据图 4-1、图 4-2 统计可以发现，20 世纪 80 年代至 2020 年青藏高原构造湖个数增加了 362 个，面积增加了 11 388.13 km^2，可以得出虽然存在新生湖，但面积增加主要是原构造湖的面积扩张。总体来说，湖泊面积整体上呈现先减小后增大的趋势；20 世纪 80 年代到 90 年代湖泊面积萎缩，原因可能是气温较低且降水量较少。20 世纪 80 年代至 2020 年新增湖泊主要在柴达木盆地区域和青藏高原腹地区域，包括羌塘高原和可可西里地区。再分析青藏高原的年均降水量和年均气温变化，发现柴达木盆地和羌塘盆地的西北区域 1980—2018 年年均降水量呈显著增加趋势。这两个区域的年均气温和降水量呈上升趋势，年均降水量增加有利于湖泊面积的扩大和湖泊的新生，同时气温升高，冰川融化加剧，融水补给增多，也有利于湖泊的扩张。这与李蒙研究羌塘高原 1976—2015 年羌塘高原湖泊的面积和数量变化的规律高度一致。柴达木盆地的湖泊变化趋势自然方面的原因是降水量增加，气温上升，同时蒸发量下降，对湖泊新生和扩张有正向促进作用。杜玉娥等发现柴达木盆地托素湖 2005—2017 年湖面积以 1.34 km^2/a 的速率扩展，小柴旦湖面积增加了 19.87 km^2，并指出气候变化、入湖径流量等导致湖泊面积变化。卢娜认为年均气温的升高、年降水量的增加、冰雪融水补给的增加、内陆河流补给的增加是造成柴达木盆地湖泊扩张的主导因素。

由 20 世纪 80 年代、1990 年、2000 年、2005 年、2010 年、2015 年和 2018 年的年均降水量可以看出，青藏高原的降水量分布不均匀，在青藏高原东南部向西北部递减。其中，1980—2018 年青藏高原的降水量大部分区域呈增加趋势，线性增加率为 1～100 mm/10 a，主要分布在青藏高原的腹地即内陆流域；仅青藏高原的东南边缘区域呈相对减少现象。

青藏高原年均气温总体呈增加趋势，气温减少区域仅在青藏高原的东南边缘和西北边缘小区域范围内。在青藏高原的中部区域东西方向上，即青藏高原内的 6 个流域，包括阿里地区、格尔木地区和西藏的北部区域，气温增加速率为 1～2 ℃/10 a。

4.3 格尔木盆地典型构造湖演化分析

格尔木市（Golmudcity），意为“河流密集”的地方，位于青海省中西部，此区地势较为平坦，高程为 2 625～3 350 m，面积约 71 334 km^2；气候上属大陆高原气候，1961—2015 年年平均气温为 5.4 ℃，1961—2015 年平均降水量在 44 mm（11～101.8 mm），1961—2015 年年均蒸发量为 2 587 mm，日照时数长达 2 000 h。

格尔木盆地盐湖矿产有 7 处之多,大、中型规模的盐湖就有 3 处,是柴达木盆地中重要的盐湖分布区。20 世纪 80 年代后,开始大规模开采盆地各种矿产资源,人口也迅速增加。到 2015 年,格尔木市的常住人口已达 47.4 万,盐湖企业的卤水开采量已超 8.5 亿 m^3,农业灌溉需水、人们生活用水都呈增加趋势。

达布逊湖和东台吉乃尔湖是格尔木两个重要的盐湖,储量巨大。东台吉乃尔湖从 20 世纪 80 年代就开始逐步开采,2000 年以后逐渐扩大规模,2003 年后先后有 3 家公司开始入住湖区,并建立起拦水坝。达布逊湖是尾闾湖,补给来源主要为地表水和地下水,格尔木河是其地表水的唯一来源。

根据影像解译,结合 Google Earth 得出格尔木盆地主要湖泊面积变化(见表 4-2),由表 4-2 可以看出,湖泊在 2010 年整体存在面积扩大现象,主要是因为 2010 年格尔木区域连续强降雨,导致湖泊面积整体扩张。

表 4-2　20 世纪 80 年代至 2015 年格尔木盆地主要湖泊面积变化

湖名	面积/km^2					
	20 世纪 80 年代	1990 年	2000 年	2005 年	2010 年	2015 年
东台吉乃尔湖	167.8	265	210	205	278	165
达布逊湖	324	398	304.5	235.2	247.9	163.8
黑海	38	38.7	38.9	37.1	40.4	28.6
冬给错纳湖	13.9	14.2	16.4	12.8	21.5	20.8
小库赛湖	13.4	8.6	7.2	16.9	21.9	20.3
卡巴纽尔多湖	29.1	29.7	30.1	30.3	29	5.6
错木斗江章湖	20.1	20.6	16.5	12.8	21.5	20.8

由于东台吉乃尔湖和达布逊湖是一直在开采的两个湖,也是格尔木市盐湖中较大的两个,其面积变化显著,引起了相关学者的关注。从影像上看 1984—2015 年东台吉乃尔湖和达布逊湖的演变,结合从遥感解译出两个湖的边界数据(见图 4-3~图 4-5)。

东台吉乃尔湖属于乌图美仁河和东台吉乃尔河的尾闾湖。从影像来看,20 世纪 80 年代至 2010 年,湖泊面积处于整体上升趋势。2010—2015 年湖泊面积接近干涸。达布逊湖是格尔木市最大河——格尔木河的尾闾湖。1990 年湖水面积最大,为 398 km^2,到 2015 年仅剩 163.8 km^2,面积减少了 234.2 km^2。

结合可能对湖水面积变化起驱动作用的气候因素,分别统计了格尔木站的 1980—2015 年年均气温、年均降水量、年均蒸发量、年均风速(见图 4-6),显示年均气温、年均降水量、年均蒸发量和年均风速分别为 0.455 ℃/10 a、2.07 mm/10 a、-85.65 mm/10 a 和 $-0.27\ m \cdot s^{-1}/10\ a$。四者结合起来均有利于湖泊面积增大,但是湖泊面积呈减小趋势,说明存在其他因素致使湖泊面积萎缩。

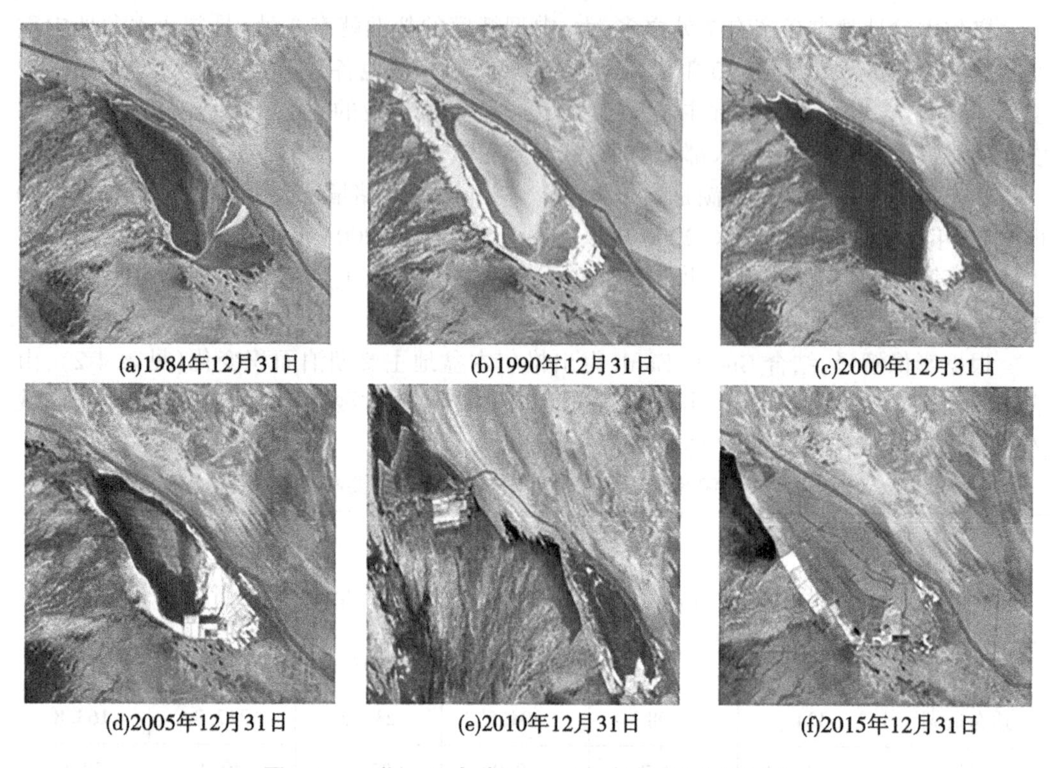

(a)1984年12月31日　(b)1990年12月31日　(c)2000年12月31日

(d)2005年12月31日　(e)2010年12月31日　(f)2015年12月31日

图 4-3　20 世纪 80 年代至 2015 年东台吉乃尔湖影像

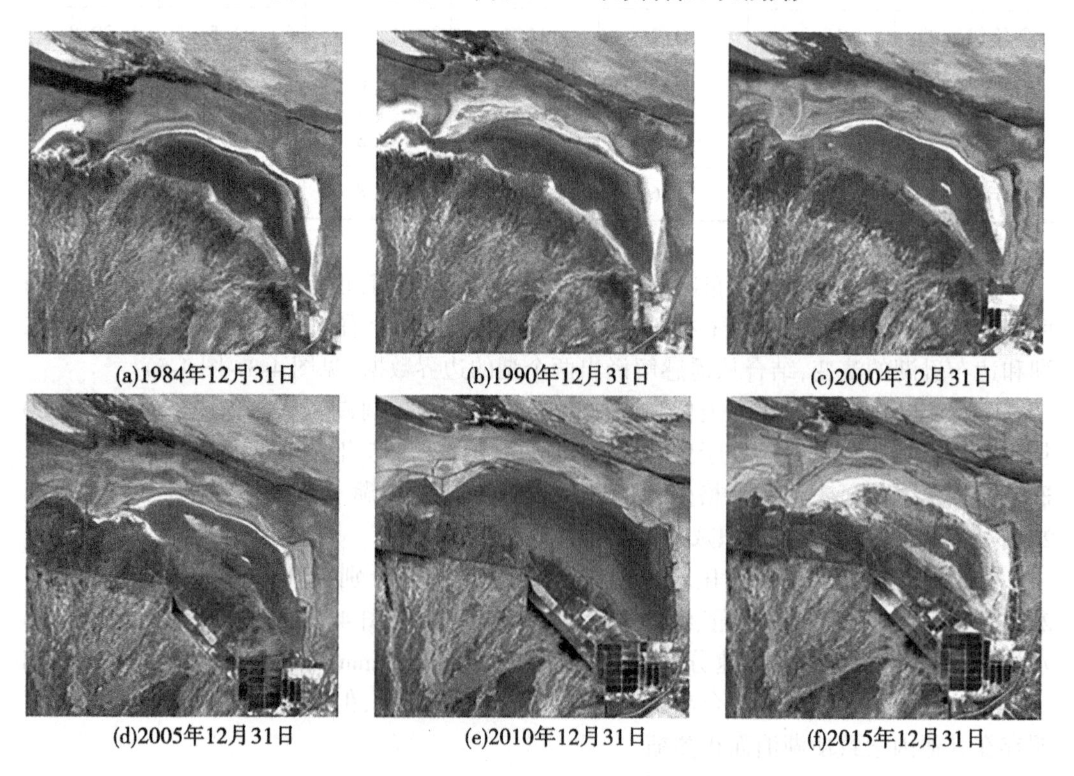

(a)1984年12月31日　(b)1990年12月31日　(c)2000年12月31日

(d)2005年12月31日　(e)2010年12月31日　(f)2015年12月31日

图 4-4　20 世纪 80 年代至 2015 年达布逊湖影像

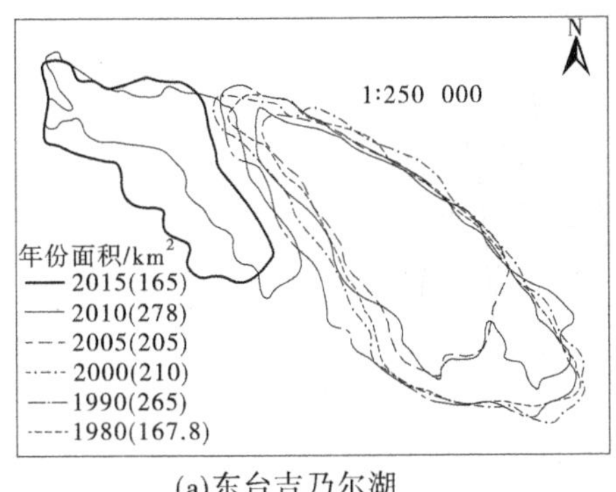

(a)东台吉乃尔湖

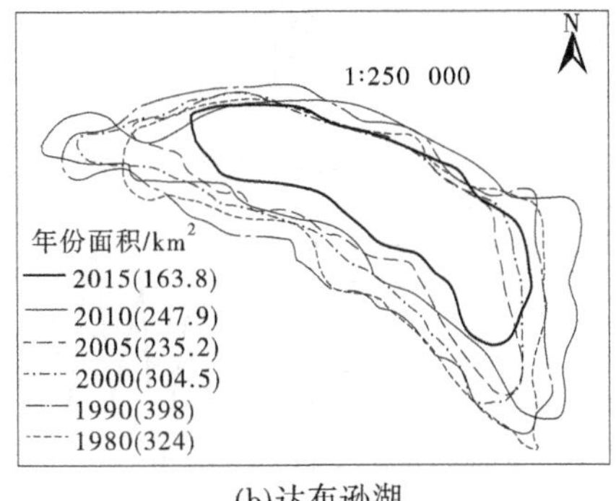

(b)达布逊湖

图 4-5　20 世纪 80 年代至 2015 年东台吉乃尔湖和达布逊湖边界变化

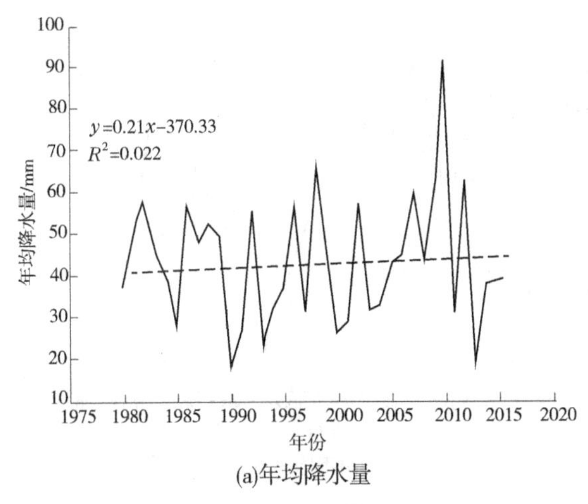

(a)年均降水量

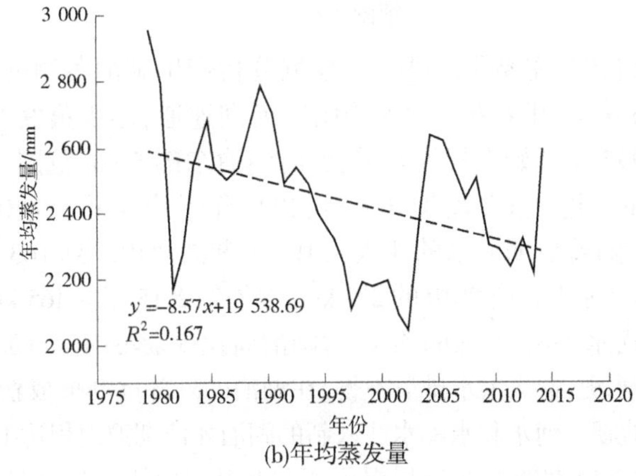

(b)年均蒸发量

图 4-6　格尔木站气象因素变化

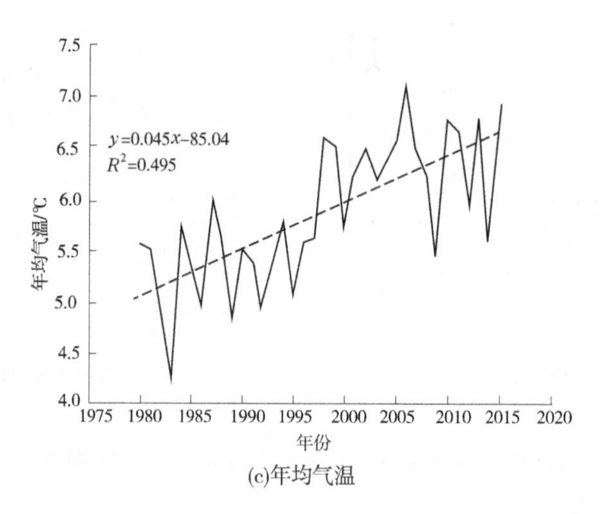

(c)年均气温

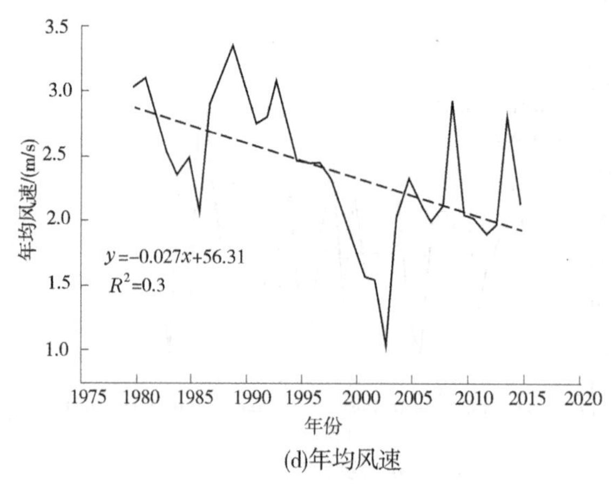

(d)年均风速

续图 4-6

结合气候因素的有利性,需要我们进一步挖掘分析产生湖泊萎缩的原因。分析达布逊盐湖的开采史及开采方式,开采方式为人为阻隔河湖连通,逐步蒸发卤水,经自然蒸发作用结晶成固体盐。1997 年开始大规模开采,此时湖泊东部 5 km 范围已经干涸,整体水位线平均下降了 2. 33 m。此后逐年增加开采量,2005 年平均开采量为 0. 6×10^8 m^3,导致 2005 年湖水面积剧减。随着后期河水的注入,2015 年湖泊面积涨到 163. 8 km^2。

由前文可知,东台吉乃尔湖也由 2010 的 278 km^2 萎缩到 2015 年的 165 km^2。2008 年,青海锂业通过修建围堤阻隔河水补给,至 2011 年以后湖泊面积逐渐萎缩。再加上上游水库的调蓄,盐湖公司继续抬高阻水堤,造成洪水排泄不畅,在湖泊的外部逐渐形成新湖泊,到 2015 年,东台吉乃尔湖几乎成干盐湖。河水和水库水注入新的湖泊才使湖泊面积达 165 km^2。

东台吉乃尔湖和达布逊湖的演变过程揭示了气候因素可以调节湖泊的面积,但人为因素往往是起控制作用的。阻止河流水流入湖泊、不科学地排放卤水、建设人工盐田,都会导致湖泊萎缩。所以需要提醒盐湖产业要进行科学合理的开发,阻隔湖泊接受河流的补给势必会影响河流的畅通性,河水积聚会造成洪水冲击阻隔堤,淹没生产区,给企业带来一定的损失。

4.4　典型构造湖演化

利用 Landsat、Envisat、ICESat、CryoSat 和 Jason-1/2/3 等影像数据监测水位信息，得出了青海湖、纳木错湖和阿克萨依湖等 53 个湖的水位及水量数据，以及青海湖的地下水位和环湖径流数据。本书选择备受关注的青海湖和新疆的阿克萨依湖作为典型湖泊分析。青海湖遥感影像见图 4-7。

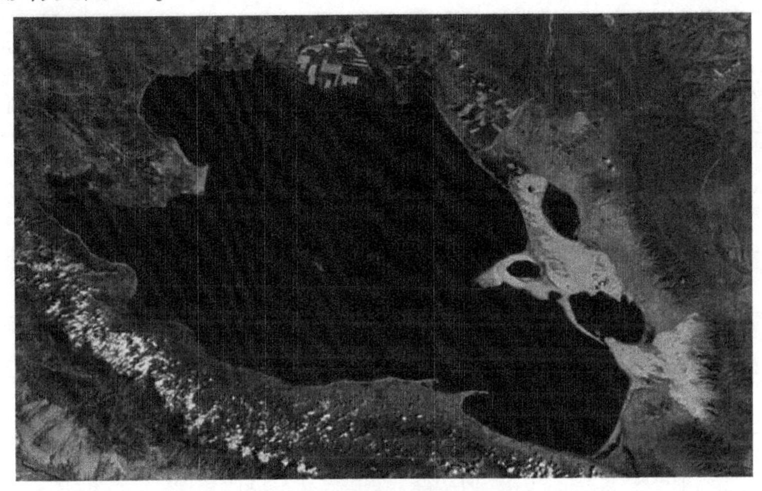

图 4-7　青海湖遥感影像

青海湖是我国湖泊面积最大的内陆湖泊，也是青藏高原最大的构造湖，形态上呈东西向长、南北向窄，长宽之积约为 109 km×39. 8 km，平均水深为 18. 3 m，最深可达 26. 6 m。青海湖的存在限制了西部荒漠化向东扩展的局势，地理位置的独特性也使得青海湖在气候变化背景下有着较大的波动，同时青海湖的湖水面积、水量变化也能直接影响此流域的气候变化及生态环境。由于青海湖所处生态环境和地理单元的特殊性，生活着许多珍稀的鸟兽、鱼及植物，是青藏高原生物多样性宝库，引起了人们的向往和研究者的广泛关注，也使青海湖成为旅游胜地，引起了政府部门的高度重视。

由表 4-3、图 4-8 可知，将青海湖面积变化分为 3 个阶段，20 世纪 80 年代至 1990 年湖泊面积扩张，1990—2005 年湖泊面积萎缩，2005—2020 年湖泊面积持续扩展，且 2020 年湖泊面积相比于 20 世纪 80 年代增大了 226. 62 km^2，增长速率为 5. 67 km^2/a。结合 20 世纪 80 年代至 2020 年青海湖水位数据，可分为两个阶段：20 世纪 80 年代至 2005 年水位持续下降，2005—2020 年水位处于上升阶段。自 20 世纪 80 年代以来，水位涨了 0. 87 m。杨萍等利用 1959—2007 年青海湖水位观测数据得出这段时间青海湖水位由 3 196. 53 m 下降到了 3 193. 17 m，下降了 3. 36 m，湖面积也萎缩了 314. 3 km^2，储量减少了约 145. 7×10^8 m^3。在 2004 年时水位达到最低，2005—2007 年水位逐渐回升（见图 4-9）。水位下降造成了湖泊萎缩、湖泊岸线变化；湖区无水域形成了沙漠和水下沙堤，尤其是青海湖环湖区；由于青海湖在 1959 年还是一个渔场，水位下降、湖泊面积减小，造成了湖泊的矿化度升高，不利于鱼类生存，湖区鸟岛的鸟类也减少。所以，在 1986 年、1995 年、2000 年分别执行了十年禁渔令。水位的下降导致青海湖流域中度及重度草场退化面积为 656. 7 km^2,占青海湖流域的 34. 9%,年均产草量减少了 6 亿 kg。金章东等指出 2005 年以来青海湖流域生态环境的改善得益于降水量的增加。青海湖水量变化量在 20 世纪 80 年代至 2005 年呈减少趋势,减少的速率逐渐减缓,主要原因是降水量减少和补给源减少。2005—2020 年水量变化逐渐增大,2005—2010 年水量增加缓慢,2010—2020 年水量增加迅速。

表 4-3　青海湖 20 世纪 80 年代至 2020 年演变统计

年份	面积/km^2	水位/m	水量变化/(Gt/a)
20 世纪 80 年代	4 267. 45	3 198. 14	作为基础
1990	4 303. 22	3 196. 02	-9. 22
2000	4 253. 22	3 195. 17	-3. 65
2005	4 245. 85	3 195. 04	-0. 54
2010	4 251. 06	3 195. 13	0. 38
2015	4 375. 94	3 196. 91	7. 65
2020	4 494. 07	3 199. 01	9. 4

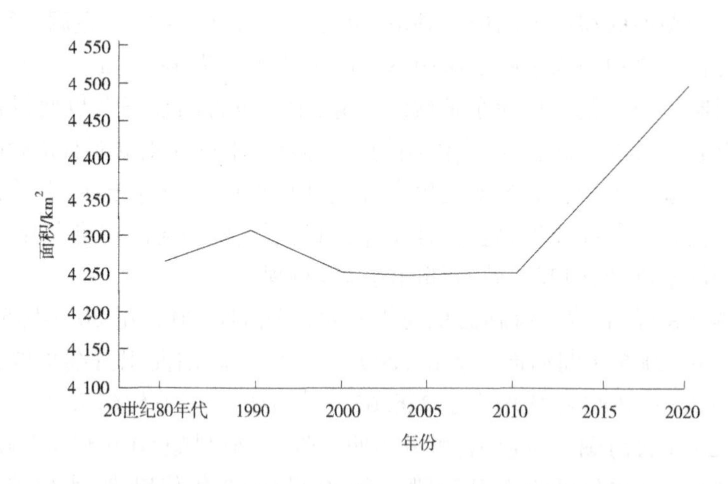

图 4-8　20 世纪 80 年代至 2020 年青海湖面积变化

根据青海省水文水资源勘测局提供的数据,统计出汇入青海湖的布哈河口和沙柳河 1974—2015 年的年径流量(见图 4-10)。布哈河口和沙柳河是青海湖流域西部和北部的两条主要河流。结合对应的湖泊面积分析发现,在 1989 年和 1990 年,两河的入湖径流量剧增,正好对应 1990 年湖泊面积增加。自 1990 年以后入湖径流量处于波动状态,所以得出入湖径流量也会直接并快速反映到湖泊面积的变化。

根据青海湖环湖监测,青海省自然资源厅公布了 2013—2018 年青海湖环湖监测区地

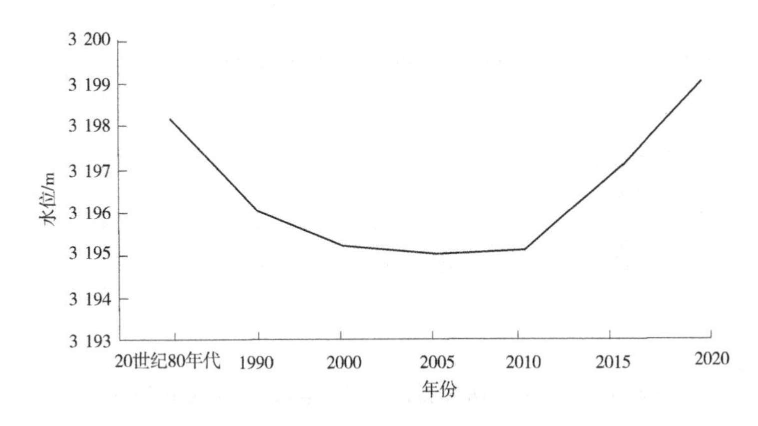

图 4-9　20 世纪 80 年代至 2020 年青海湖水位变化

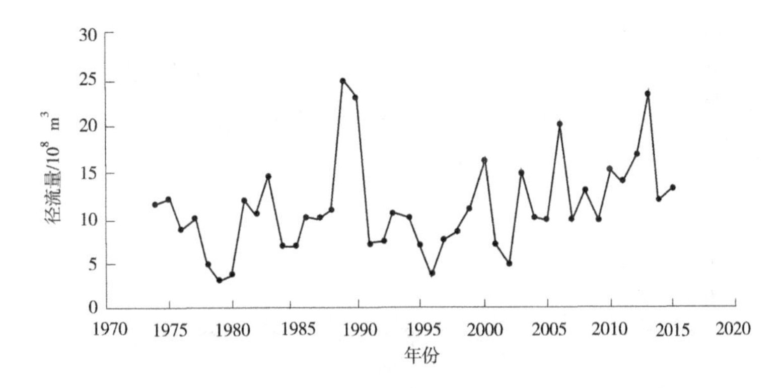

图 4-10　1974—2015 年布哈河口和沙柳河汇入青海湖年径流量

下水位动态统计数据(见图 4-11)。环湖共设置了 7 个观测点,分别为青 2、青 3、青 4、青 6、青 7、青 8、青 9。通过数据发现不同位置的观测点变化趋势不同,但整体来说监测位置的地下水水位较稳定。说明这期间青海湖受人为因素和自然因素影响较小。青 2 位置地下水水位有所下降,可能是受到人类的开采影响。其他位置的地下水水位变化并不显著,则是因为受到其他因素的影响较小。2014 年所有监测点的地下水水位除青 3 稍微下降外,其他全呈增加趋势,结合刚察站的降水量可发现,2013—2014 年降水量显著增加;还可以看出 2016 年所有的监测点地下水水位都处于下降状态,结合刚察站 2000—2017 年降水量可以看出,2015 年刚察站降水量减少(见图 4-12),地下水水位对降水存在一定的滞后效应。

阿克萨依湖,又称阿克赛钦湖,位于新疆和田境内的阿克赛钦盆地,北纬 35°08′~35°17′,东径 79°45′~79°54′(见图 4-13)。阿克赛钦盆地为东西向的古断陷宽谷盆地,海拔 4 848 m,现主要依靠湖泊北部昆仑山冰川、弓形冰川、多塔冰川、泉水冰川融水和大气降水。阿克萨依湖是阿克赛钦盆地内最著名的内流湖,湖泊水化学类型为盐湖。此区域气候寒冷,降水较少,蒸发强烈。选择阿克萨依湖主要因为它是冰川补给型湖,可以看出气候变暖条件下,阿克萨依湖对气候变化的响应。

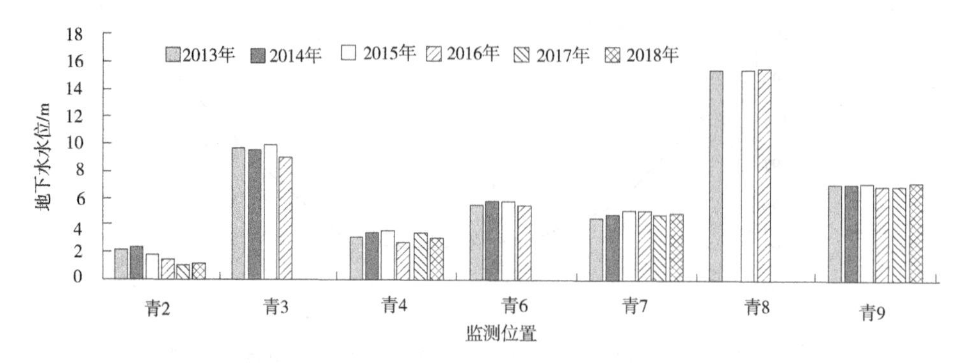

图 4-11　2013—2018 年青海湖环湖监测地下水水位统计

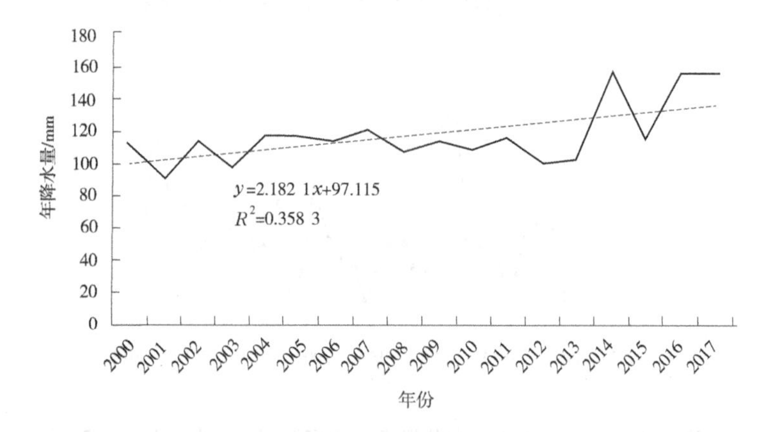

图 4-12　2000—2017 年刚察站降水量变化

图 4-13　阿克萨依湖影像示意图

从阿克萨依湖的湖面面积、水位及水量可以看出，湖泊处于持续扩张状态（见表 4-4），可以详细的分为两个阶段，20 世纪 80 年代至 2000 年湖泊面积较稳定；2000—2020 年湖泊面积持续增长。20 世纪 80 年代湖泊面积为 172.95 km^2，到 2020 年湖泊面积扩大到 282.4 km^2，湖泊水位由 4 846.70 m 涨到 4 852.83 m，湖泊水量也呈直线上升趋势（见图 4-14～图 4-16）。西昆仑冰川是位于阿克萨依湖北面的冰川，冰川向南，随着气温升高，冰川融化加剧，并在冰川的冰舌部位形成了很多小湖。图 4-17 为 1990—2020 年西昆仑冰川中弓形冰川边界变化示意图，图 4-18 为 1990—2020 年多塔冰川边界变化示意图。冰川持续萎缩，冰川融水一部分补给阿克萨依湖，另一部分在冰舌前缘形成湖泊。

表 4-4　20 世纪 80 年代至 2020 年阿克萨依湖水量变化

年份	面积/km^2	水位/m	水量变化
20 世纪 80 年代	172.95	4 846.70	作为基础
1990	172.08	4 846.76	0.01
2000	170.75	4 846.69	0.44
2005	194.33	4 847.98	0.23
2010	223.13	4 849.57	0.33
2015	264.46	4 851.84	0.55
2020	282.4	4 852.83	0.27

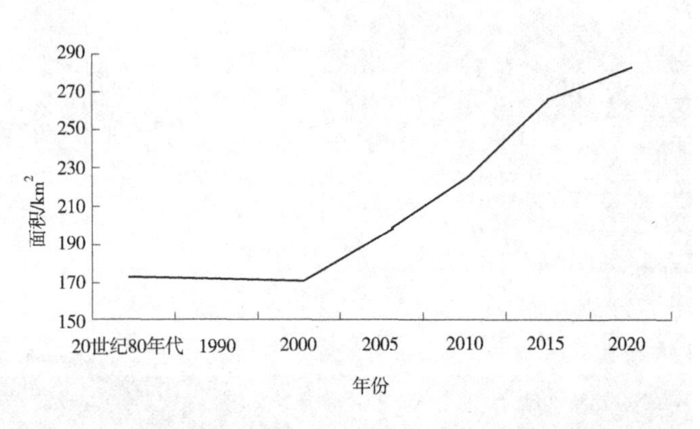

图 4-14　20 世纪 80 年代至 2020 年阿克萨依湖面积变化

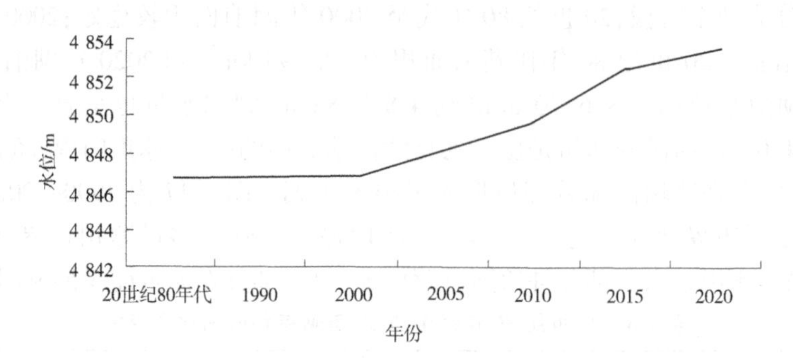

图 4-15　20 世纪 80 年代至 2020 年阿克萨依湖水位变化

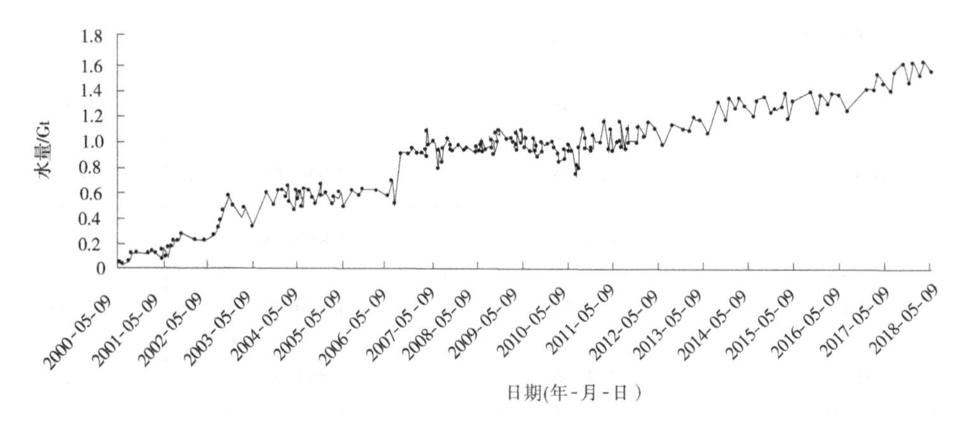

图 4-16　2000 年 5 月至 2018 年 5 月阿克萨依湖水量变化

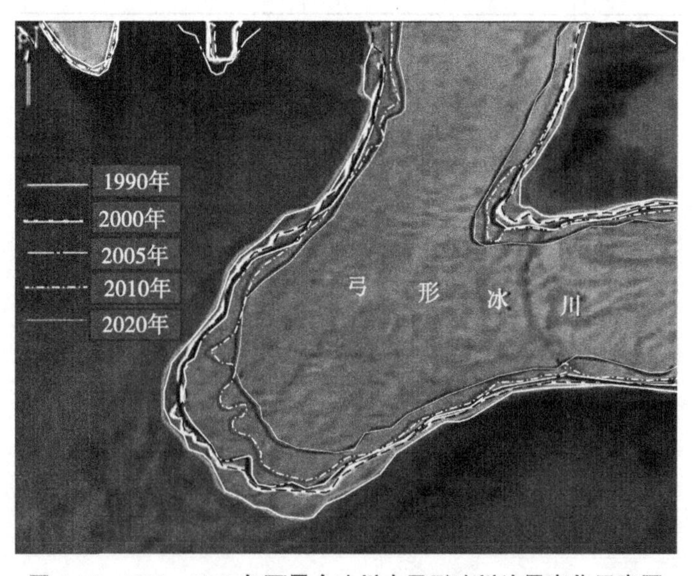

图 4-17　1990—2020 年西昆仑冰川中弓形冰川边界变化示意图

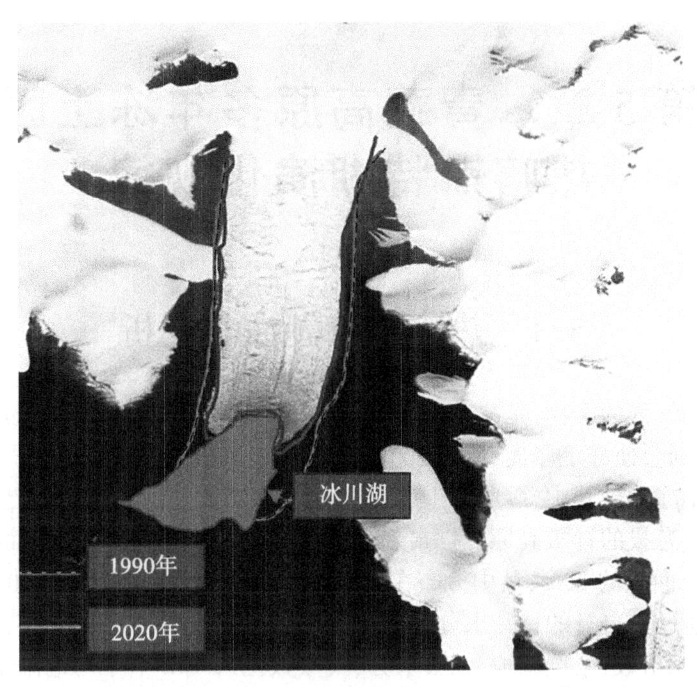

图 4-18　1990—2020 年多塔冰川边界变化示意图

4.5　本章小结

根据第 3 章构造湖的定义,又依据湖泊与断层距离的关系,判定 20 世纪 80 年代至 2020 年青藏高原构造湖演化规律。主要得出以下结论:

(1)20 世纪 80 年代至 2020 年构造湖数量由 1 089 个增长至 1 451 个,面积由 39 512.24 km^2 扩张至 50 900.37 km^2。湖泊面积增大和湖泊个数增多的比值显示湖泊总面积扩张主要是由于单个湖泊面积扩大。

(2)在湖泊分布空间方面,青藏高原的湖泊变化主要在青藏高原腹地内陆流域,内陆流域为高原盆地,整体地势较为平坦,区域内构造复杂,有利于构造湖的形成。对比分析 2020 年构造湖和 20 世纪 80 年代的构造湖,显示新生的湖泊整体在内陆流域的西北方向。这与相关学者研究的结论基本一致。

(3)青藏高原 1980—2018 年年均气温和年降水量记录显示,高原气温呈整体增加趋势,但存在区域差异。内陆流域年均气温线性增长率达 1~2 ℃/10 a。青藏高原除极少数区域降水量减少外,大部分区域呈现显著增加趋势,但年降水量增加幅度存在空间差异性。构造湖变化所在的内陆流域的年降水量变化在 1~300 mm,年降水量线性变化率在 1~100 mm/10 a。

第5章 青藏高原多年冻土区热喀斯特湖演化规律

5.1 热喀斯特湖演化分析

冻土是寒冷气候的产物,是冰冻圈的主要成分之一。气候变冷使冻土厚度更深,面积更大;气候变暖则会使冻土厚度变薄,面积减小。按冻结持续的时间可分为短时冻土、季节性冻土和多年冻土。其中,多年冻土是处于一定的深度之下,在中国广泛分布在高纬度的东北地区和高海拔的青藏高原。据最新模拟结果,北半球多年冻土的面积约 2.1×10^6 km^2,占北半球总面积的22%,其中分布在青藏高原的面积约为 105.06×10^4 km^2。多年冻土的广泛分布通过其自身的特殊水分运移影响着区域的水环境。2010年,冉有华等利用地表温度、叶面积指数、土壤质地、土壤水分、气象数据及142个年均地温钻孔观测数据,基于地理加权回归模型模拟得出2010年1 km分辨率青藏高原多年冻土分布图,其中计算得出多年冻土面积约 127.98×10^4 km^2。2019年赵林等指出昆仑山垭口至两道河段活动层底部温度2004—2018年均温升温速率为0.45 ℃/10 a。当土壤温度在0 ℃以上时,多年冻土开始消退,2010—2017年间,青藏高原多年冻土面积减少了 22.92×10^4 km^2。

热喀斯特地貌是指地下冰在自然营力和人为营力作用下融化形成的一种地形(见图5-1、图5-2)。根据热喀斯特的表现形式可大体上分为沉陷和滑塌两大类。Jorgenson等将热喀斯特地貌分为16类,如表5-1所示。

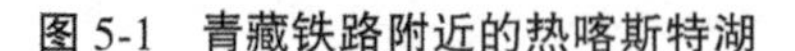

图5-1 青藏铁路附近的热喀斯特湖

图5-2 北麓河热喀斯特湖

表 5-1　不同热喀斯特地貌及形成机制

热喀斯特地貌类型	形成机制
热喀斯特湖	多年冻土退化下陷并向周边侵蚀
热喀斯特湖盆	热喀斯特湖排水后干涸
热融沉降	多年冻土层上部局部融化
冰川热喀斯特	冰碛物中冰体融化
线状融化	沼泽地中浅层地下水流动
沼泽热喀斯特	多年冻土区沼泽侧向缓慢退化
浅坑	表层融化形成
冻胀丘热喀斯特	冻胀丘的多边形区地下冰楔融化
冰楔与浅坑热喀斯特	冰楔融化与浅层水坑并存的融化区
不规则冰楔	含冰量较低的沙质土壤融化形成
融化空洞	地下水流动
热融冲沟	地表水流动
热融滑塌	斜坡失稳和地下冰融化
空洞	水体下切导致富冰堤岸的冰体融化形成
冻胀丘坍塌	冻胀丘大量地下冰融化
不规则地面	含冰量较低土壤的冰体融化形成

不同的热喀斯特地貌表现对景观的影响程度和范围不同。目前,从学者发表的研究成果来看,关注度最高的是热喀斯特湖和热融滑塌。热喀斯特湖是将之前的陆地生态系统变成了水体。自小冰期以来,40%的多年冻土区受到了不同程度的热融影响,并且新的热融现象随着气温的升高越演越烈。根据对青藏高原中部热喀斯特湖的沉积物测算年份,发现有些热喀斯特湖存在的时间已经超过千年,这也说明了多年冻土区本来也会形成热喀斯特湖,但随着气候暖湿化的影响,热喀斯特湖的数量和面积明显增多。

本书基于热喀斯特湖的定义进行了湖泊类型划分,但由于热喀斯特湖仅从影像上很难与其他类型的湖泊区分开来,为针对性地进行热喀斯特湖与冻土关系研究,故认为在多年冻土区去除面积较大的、单个湖泊为封闭型的、未受到河流直接补给的湖,并将青藏高原多年冻土区的其他类型的湖剔除,剩下的即为热喀斯特湖。

根据每个时间段热喀斯特湖的发展情况,统计的情况见表 5-2 及图 5-3、图 5-4。

表 5-2　青藏高原 20 世纪 80 年代至 2020 年热喀斯特湖统计

年份	数量/个	面积/km^2
20 世纪 80 年代	60 834	932. 5
1990	66 506	799. 25

续表 5-2

年份	数量/个	面积/km^2
2000	116 365	1 023.59
2005	118 892	1 335.82
2010	123 053	1 871.94
2015	117 066	1 511.12
2020	120 374	1 713.57

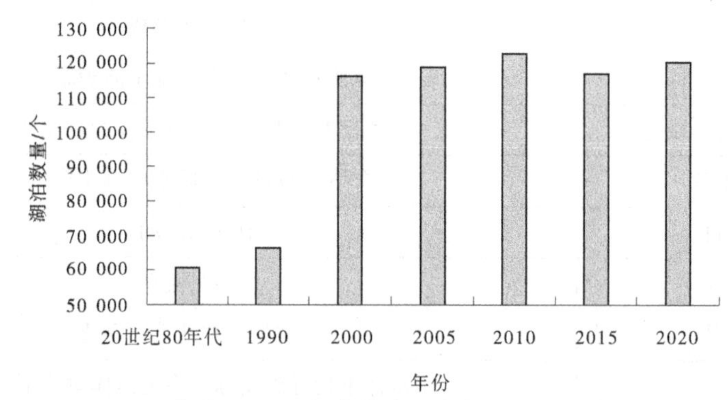

图 5-3　20 世纪 80 年代至 2020 年青藏高原多年冻土区热喀斯特湖数量变化

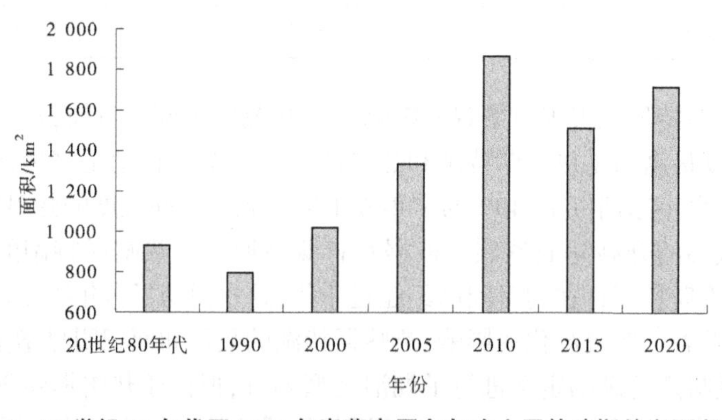

图 5-4　20 世纪 80 年代至 2020 年青藏高原多年冻土区热喀斯特湖面积变化

从时间层面上来看,青藏高原多年冻土区热喀斯特湖的面积和数量自 20 世纪 80 年代至 2020 年都呈增加趋势,数量由 20 世纪 80 年代的 60 834 个增加到 2020 年的 120 374 个,尤其是 2000 年相比于 20 世纪 80 年代,数量增加了近 1 倍,其原因有两方面:一方面可能是 20 世纪 80 年代的影像分辨率较低,湖泊数量存在漏分的现象;另一方面是气候因素,温度升高,降水量增大,导致湖泊数量增多。湖泊面积由 20 世纪 80 年代的 932.5 km^2 增长至 2020 年的 1 713.57 km^2,面积增大了 781.07 km^2。面积变化较为复杂,可分为 4 个阶段、两个减—增循环。20 世纪 80 年代至 1990 年,湖泊面积先呈降低趋势;1990—2010 年湖泊面积又呈显著增加趋势;2010—2015 年湖泊面积呈减少趋势;2015—2020 年湖泊面积呈显著增加趋势。

从空间上来看,湖泊主要分布在青藏高原腹地,并且增加的湖泊也主要分布在青藏高原腹地,以玉树藏族自治州的可可西里地区及阿里地区的南部区域为主。根据陈瑞达和王慧妮等对北麓河和青藏铁路的热喀斯特湖的发育可知,此两个区域的湖泊也呈现面积增加和数量增加的趋势,并且在可可西里地区主要呈现湖泊加密的特点。

5.2　热喀斯特湖演化驱动力因素

全球气候持续增暖,过去 50 年间,青藏高原年均气温的线性增温率约为 0.37 ℃/10 a,且明显超过北半球和同纬度地区的线性增温率水平。吴青柏等对青藏高原区域约 190 个钻孔监测数据进行分析,发现地下 15 m 的地温均大于-4 ℃,且多半以上冻土温度大于-1 ℃。由 1996—2006 年青藏公路沿线的冻土地温监测可知,6 m 深的冻土温度升高了 0.12~0.67 ℃,平均线性升温速率为 0.39 ℃/10 a。大于-1 ℃的高温冻土平均升温速率为 0.23 ℃/10 a,低于-5 ℃的低温冻土平均升温速率为 0.55 ℃/10 a,明显高于高温冻土。杨倩等研究了 1961—2016 年青藏高原中东部地区气温,基于 64 个气象站的逐日气温数据,发现青藏高原中部地区年均气温呈线性增长趋势,东南部、北部和西部区域增温速度相对较快,中部区域增温较缓慢。赤曲分析了 1961—2017 年 6—8 月雅鲁藏布江河谷区的气温、降水量,发现研究区 1961—2017 年 6—8 月气侯存在暖干趋势,气温显著增高、相对湿度却明显下降,降水量处于小幅度波动。

本书基于收集的 1980—2018 年青藏高原 134 个气象站逐日降水量和气温数据,利用克里金差值法得出了整个青藏高原 1980—2018 年降水量和气温的插值图,以探寻热喀斯特湖演化的驱动力。本书先做出整个青藏高原的相对应数据,再用青藏高原多年冻土区的掩膜提取气温和降水量变化数据。

1980 年多年冻土区年均气温和 2018 年年均气温显示,在中部区域气温变化较明显,最低气温由-19.09 ℃上升到-16.45 ℃,最高气温由 7 ℃降低到 4.2 ℃。1980—2018 年年均气温变化显示整个多年冻土区的年均气温变化存在一定的空间差异性,但整体上呈升温趋势,升温幅度存在一定的差别。多年冻土区的中部及西部区域存在明显的升温,最高升温区可达 5 ℃。温度降低的区域较少,主要集中在东南边缘区域。升温幅度较大的地区为格尔木市、阿里地区南部等,这与王小佳的研究结果高度一致。在青藏高原的腹地区域,年均气温线性增温率在 0.11~0.2 ℃/10 a。

多年冻土区的降水量和整个青藏高原一样存在西北部和中部偏少、东南部和西南部偏大的特点。1980 年,多年冻土区年降水量在 39.8~1 800 mm,2018 年多年冻土区依然是东南部降水量偏多,在那曲市中部降水量偏低。降水量的变化显示青藏高原多年冻土区除东南边缘区域的年均降水量呈减少趋势外,绝大部分区域的降水量呈不同幅度的增加趋势,尤其是中部,包括可可西里区域,阿里地区的线性增长速率为 2.0~3.32 mm/10 a,降水变化速率在三江源区域出现最大值。在多年冻土区的西北区域多年年均降水量仅 99~200 mm,但近 40 年,西北区域增加趋势也十分明显,增速可达 1.5~3.3 mm/a,而东南部则呈减少趋势。总体上,青藏高原多年冻土区的降水量增速为 2.95 mm/a。对于多年冻土集中分布的阿里地区和格尔木地区,近 40 年年降水量由 1980 年的 200~300 mm 增长至 2018 年的 300~400 mm。阿里地区和格尔木区域的年均气温在 1980—2018 年也呈上升趋势。

结合 1980—2018 年的年均气温和年降水量变化,可以看出多年冻土区的气候呈暖湿化发展,这和整个青藏高原的变化趋势一致,但存在局部差异性,降水增多会直接补给湖泊并导致湖泊面积的变大,温度升高会使多年冻土加速融化,活动层变厚,多年冻土区将频繁发生热融沉降现象,沉陷出现的负地形后期积水将形成热喀斯特湖。李德生等利用北麓河监测点监测降水量和多年冻土区活动层的水分、温度数据,指出北麓河以降雪为主,太阳的强辐射使雪冰快速融化,使活动层升温。

植被是影响多年冻土热条件的主要因素之一,植被影响多年冻土区演化的方式是多方面的。一方面植被覆盖区域减少了到达地面的太阳辐射,降低了地面温度差,使进入土壤的热量降低。另一方面植被的长势需要取决于区域的气候条件,当气温升高、土壤含水量增大时,NDVI 就会增大。所以,NDVI 变化可以间接地反映热喀斯特湖的演化。本书提取 2000—2019 年多年冻土区 NDVI,分析 NDVI 变化对热喀斯特湖演化的影响。2000 年多年冻土区 NDVI 的分布图显示出整体上 NDVI 偏低,只有中东部 NDVI 较大,NDVI 在 0.41~1,其余区域整体 NDVI 小于 0.4。2019 年 NDVI 明显提高,整个区域均大于 0,尤其是多年冻土区的中西部区域以及北部区域。结合 2000 年和 2019 年 NDVI 的分布和多年冻土的分布,揭示出 NDVI 越小,多年冻土区的连续性越好。分析 2000—2019 年 NDVI 改善的原因,2000—2019 年 NDVI 变化得益于多年冻土区土壤水分的增大和多年冻土区的气温升高。2000—2019 年多年冻土区 NDVI 变化率只有在不连续的小区域,变化率为 0.01~0.06,整体分布比较分散。

5.3　青藏高原多年冻土区热喀斯特湖易发程度分区

热喀斯特湖的形成及演化,是一个复杂的、多因素共同作用的地质变化过程,热喀斯特湖易发程度区划的方法为工程地质类比法。在相近的环境中,往往孕育着相似程度的热喀斯特湖,本书以定量为主、定性为辅的方法对青藏高原多年冻土区热喀斯特湖易发程度进行分区评价,为后期在多年冻土区规划的工程建设提供科学依据。

易发程度的评价工作的核心主要有两个:一是根据系统性、典型性、科学性、可操作性等原则选定评价指标;二是根据前人研究的成果及研究区的实际情况结合专家打分法确定所选定指标的权重。易发程度分区评价的最后一步利用综合评价模型进行定量计算,并和遥感解译热喀斯特湖的结果相对比,最终得出区域图。

5.3.1　易发程度评价模型

在地质灾害进行易发性评价时,一般有灰色系统法、Logistic 回归模型、综合评判模型等,每种方法都有一定的优缺点和适用范围。其中,综合评判模型简单易操作,模型与实际联系紧密。综合评判模型的计算公式为

$$S = \sum_{i=1}^{n} W_i \times s_i \tag{5-1}$$

式中:S 为热喀斯特湖易发程度指数;W_i 为所选指标 i 的权值;s_i 为评价指标。

因本书选取的因子单位不一致,首先需要根据归一化公式将所有因子归一化,化为无量纲因子。为方便计算易发程度指数,还需将研究区网格化,由于本书研究区面积较大,选定研究区单元格长为 2.5 km,在多年冻土区共划分了 3 397 个单元格。后期的评标指标计算、评价指标的属性链接都在 ArcGIS 平台完成,最终得到研究区的易发程度分区图。

5.3.2 易发程度评价指标体系

热喀斯特湖易发程度区划还需重点考虑湖泊的发育情况,本书选择了热喀斯特湖点密度,分析了热喀斯特湖形成及影响湖泊形成的基本环境条件,综合各因素,本书选取了湖泊点密度、冻土稳定性类型、年均降水量、地表温度、土壤水分、积雪面积、NDVI 和坡度。数据来源及指标描述如表 5-3 所示。

表 5-3　指标描述及指标来源

数据	指标	描述	来源
地表温度	全天地表温度	基于 MOD11A2 产品	本次提取
年均降水量	中国气象数据网逐日降水量数据	根据 134 个气象站年降水量,克里金插值生成	本次提取
积雪面积	逐日 MOD10A1 积雪产品	选冬月数据	本次合成
植被	5—9 月 NDVI	16 d 植被指数最大值合成法	本次合成
湖泊点密度	2020 年热喀斯特湖数据	利用 ArcGIS 中 spatial join 工具,统计点密度	本次提取
DEM	坡度	利用 ArcGIS 的 Aspect 工具,提取坡度	本次提取
土壤水分	逐日 0.25°×0.25° 地表水分产品	使用 AMSR-E、AMSR2、6.925 GHzV/H、10.65 GHzV/H 及 36.5 GHz V 5 个通道的亮温数据	国家青藏高原科学数据中心
冻土稳定性类型	2005—2015 年 237 个钻孔位置年变化深度、年均地温测量	极稳定型、稳定型、亚稳定型、过渡型和不稳定型	国家青藏高原科学数据中心

5.3.3 评价指标权重

目前,随着计算机技术以及算法理论的进步,确定权重的方法一直备受关注。根据研究对象的本质,可适当选择主观定权和客观定权的方法。常用的权重确定方法有专家打分法、层次分析法、熵值法等,各种方法都存在一定的适用条件。其中,最简单易操作的就是专家打分法,此方法基于专家累积的大量实例经验,可直接指导相似工作。层次分析法可客观计算指标权重,但其也是先由主观断定指标之间的重要性得出判断矩阵,再利用数学的方法达到定性和定量相结合的结果。对多年冻土区的热喀斯特湖进行易发程度区划时,由于当地环境的复杂性、不确定性、不可恢复性,因此需要综合多因素,还需要更多野外调查的经验。本书结合前人研究的结果和在多年冻土区做过多年工作的专家的意见,选取专家打分法进行权重的确定,得出的评价指标的权重如表 5-4 所示。

表 5-4　评价指标权重

评价指标	湖泊点密度	土壤水分	坡度	NDVI	积雪面积	地表温度	年均降水量	冻土稳定性
权重	0.3	0.05	0.02	0.04	0.08	0.11	0.25	0.15

5.3.4　评价指标量化

本书选取的评价指标包括定性、定量指标,因定量指标的单位差异性,如坡度、地表温度、年均降水量等都需要进行前期的处理。例如,坡度是经过 DEM 数据获取,然后利用归一化方法将坡度划分到[0,1]之间。冻土稳定性是根据冻土温度定性将多年冻土划分为极稳定型、稳定型、亚稳定型、过渡型和不稳定型,本书根据每个指标对热喀斯特湖形成的相对贡献,赋值在 0 和 1 之间。本书所采用的数据只有湖泊点密度为矢量格式,其余为栅格型数据,所以归一化公式为

$$x' = (x - X_{\min})/(X_{\max} - X_{\min}) \tag{5-2}$$

式中:x'为归一化以后的值;x 为单元格的真实值;$X_{\min}$ 为栅格数据单元格最小值;$X_{\max}$ 为栅格数据单元格最大值。

地表温度是指多年冻土区地面温度。地表温度的高低及变化都会深刻影响热喀斯特湖的发育程度。地表温度数据是利用 2017 年青藏高原 MODIS 系列 MOD11A2 数据产品提取获得的。坡度主要通过影响水流流向从而控制聚集水流,当坡度过大时,不易形成大面积积水。本书经过湖泊分布和坡度的关系,得出湖泊主要分布在 30°以内,所以本书将 30°以上坡度归为 0,将 0~15°坡度进行归一化,这里主要是利用 ArcGIS 的按属性提取功能。植被在保持水土方面有着相当重要的作用。植被可减少雨水冲刷的能量,拦截降水并调节地表径流,降低径流的动能;植被还能为多年冻土发挥保持温度的作用,因此植被对就近的热喀斯特湖的形成和发育具有一定的作用。本书选取 NDVI 指标因子,多年冻土区的 NDVI 值在[0,0.92]之间,值越大,植被覆盖度越高。青藏高原多年冻土温度受多种区域性因素的影响,其中包括雪盖、土壤和植被。青藏高原不同区域的雪盖对浅层地温的影响存在较大差异,雪被较厚时可以减少地表和大气之间热传递,以达到隔热的作用。吴小丽等发现青藏高原土壤含水量自东南向西北逐渐降低,并发现多年冻土区的退化会改变土壤的水热条件,降低土壤水分,所以反过来土壤水分低可以说明多年冻土区的退化。降水量主要直接影响湖泊的面积和改变地表的温度。降水会影响活动层地温的变化,以北麓河地区为例,此区温度较低的季节以雪的形式出现,且积雪深度浅,在强日照条件下快速融化成雪水,使活动层温度得以升高。

5.3.5　基于 ArcGIS 的综合评价

由于研究区面积较大，本书将研究区划分成 2.5 km×2.5 km 的单元格，多年冻土区共划分出 3 397 个单元格，并对所选定的评价指标逐个进行归一化计算。

将所有指标按综合评价模型进行叠加分析，并按突变点法将易发程度划成不易发区、低易发区、中易发区和高易发区(见表 5-5)。

表 5-5　易发程度区划标准

易发程度等级	不易发区	低易发区	中易发区	高易发区
区划标准	0.1~0.22	0.22~0.28	0.28~0.37	0.37~0.59

本次统计的冻土总面积为 105.06×10^4 km^2，根据易发程度分区统计得出表 5-6。

表 5-6　热喀斯特湖易发程度区的分布情况

分区	面积/10^4 km^2	占比/%	主要分布区域
不易发区	24.25	23.08	青藏高原西南部
低易发区	33.87	32.24	青藏高原中西部和西北部
中易发区	26.96	25.66	青藏高原中东部、中西部
高易发区	19.98	19.02	青藏高原中部，包括可可西里地区北麓河地区

5.4　本章小结

本章主要研究了热喀斯特湖的演化规律，探讨了 20 世纪 80 年代至 2020 年青藏高原多年冻土区热喀斯特湖的时间及空间演化规律，并选择降水量、气温和 NDVI 对热喀斯特湖的驱动力分析。构建湖泊点密度、冻土热稳定性类型、年均降水量、地表温度、土壤水分、积雪面积、NDVI、坡度等指标体系，并进行多年冻土区热喀斯特湖易发程度分区，得出以下结论：

(1)20 世纪 80 年代至 2020 年，青藏高原多年冻土区热喀斯特湖数量和面积呈成倍增加趋势。其中，湖泊面积变化存在两个循环、4 个阶段：20 世纪 80 年代至 2010 年为第一个减—增循环，2010—2020 年为第二个减—增循环。20 世纪 80 年代至 1990 年湖泊面积有所下降，1990—2010 年湖泊面积增加；2010—2015 年湖泊面积降低，2015—2020 年湖泊面积增加。空间上湖泊面积增加主要是在青藏高原的腹地区域，如可可西里、那曲北部和阿里地区。

(2)根据 1980—2018 年的降水量和气温分析，青藏高原多年冻土区的整体气温和降水量都呈增加趋势，尤其是湖泊面积显著增加区，年均气温升温幅度在 5~10 ℃/10 a，年降水量增加幅度在 100~400 mm/10 a。选取 2000—2019 年 NDVI，发现 NDVI 也呈增加趋势。气温、降水量、植被三者对热喀斯特湖增加作用的模式有所区别。气温升高促使多年冻土区退化形成更多的热喀斯特湖；降水量包括降雨量和降雪量，降雨量增多直接作用于湖泊面积,降雪量增多主要是积雪融化,快速融化的雪水会提高活动层温度。NDVI 是土壤冻结状态的指示器。NDVI 变大说明多年冻土区的水热条件更适合植被生长,也从侧面反映出土壤水分增多,温度上升。

(3)多年冻土区占青藏高原总面积的 40%以上。多年冻土融化形成了热喀斯特现象及热融灾害,热喀斯特湖作为热融灾害的一种,可能对当地的工程造成一定的影响。本书选择湖泊点密度、冻土稳定性类型、年均降水量、地表温度、土壤水分、积雪面积、NDVI、坡度等评价指标,按照综合评判模型得出易发程度指标,得出高易发区主要分布在青藏高原多年冻土区中部区域,包括可可西里地区和北麓河区域。多年冻土区热喀斯特湖易发程度分区图可为多年冻土区工程建设提供参考。

第 6 章　青藏高原冰川湖演化规律

6.1　冰川湖演化分析

冰川湖是在冰碛垄洼地积水并以冰川融水为主要补给源的湖泊，主要分布在冰川集中分布的区域。冰川湖的形成时间主要包括两个时间：一是地质历史时期，据刘建康和周路旭对藏东南然则日阿错和印达普错的冰川湖冰碛坝取样测年，然则日阿错的样品年龄在(13.6±2.5)ka，印达普错的样品年龄在(19.5±2.1)ka，两个时间正处于末次冰期，且在小冰期后冰川开始呈现大面积的退缩，冰川湖湖盆由此大规模的增加和扩张。对冰川湖年龄的测定说明冰川跃动也应是在小冰期时期或更早。二是现代时期，由于气候变暖造成冰雪融化，在冰川的冰舌部位以及冰川融水流经位置会形成冰川湖。冰川湖分布位置特殊，受人为因素影响较小，能更准确地反映气候变化，是研究气候变化和环境响应的理想载体。本书结合前人研究经验，对青藏高原冰川分布区设定 10 km 的缓冲区，缓冲区以内的湖泊皆认定为冰川湖，图 6-1 为青藏高原集群冰川湖。

图 6-1　青藏高原集群冰川湖

根据20世纪80年代至2020年冰川湖的提取结果见表6-1。由表6-1可知,青藏高原冰川湖数量和面积呈增加趋势。数量从20世纪80年代的8 002个增长到2020年的20 329个(见图6-2),数量大幅度稳步增长,其中20世纪80年代、1990年数量较低,有可能是因影像分辨率偏低,面积较小的冰川湖被漏掉,所以冰川湖的实际数量大于本次解译的数据。青藏高原冰川湖面积仅在1990—2000年间面积有小幅度减少,其余时间均呈增加趋势。冰川湖面积从20世纪80年代的900.10 km^2 上升至2020年的1 620.50 km^2,面积增加了720.40 km^2(见图6-3)。2015年,张国庆等统计发现,2010年青藏高原地区面积大于0.003 km^2 的冰川湖共5 701个,总面积为572.4~792.4 km^2,其中面积大于0.1 km^2 的占22.65%。面积较大且危险性较大的集中分布在冰川广布的吉隆、聂拉木和定日。根据杨成德等2015年利用Landsat影像提取的中国西部冰川湖编目,共提取出17 300个冰川湖,青藏高原共15 684个,他们利用2013年冰川数据,对冰川进行设置10 km的缓冲区。本书结合自己目视解译与他们的数据对比,发现本次解译的2015年的冰湖,位于10 km缓冲区的多于杨成德的。究其原因发现他们是只解译湖泊面积大于或等于0.003 6 km^2 的湖泊,而本次目视解译的冰川湖最小面积可达0.000 131 km^2。

表6-1 20世纪80年代至2020年青藏高原冰川湖统计

年份	数量/个	面积/km^2
20世纪80年代	8 002	900.10
1990	8 133	982.03
2000	11 475	956.05
2005	14 988	1 163.08
2010	15 298	1 274.05
2015	19 375	1 484.21
2020	20 329	1 620.50

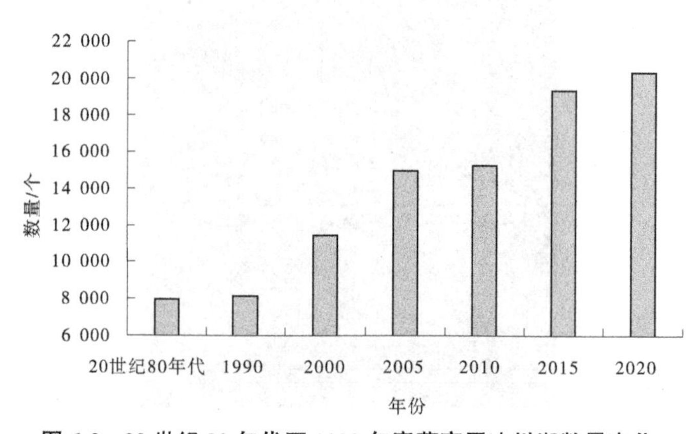

图6-2 20世纪80年代至2020年青藏高原冰川湖数量变化

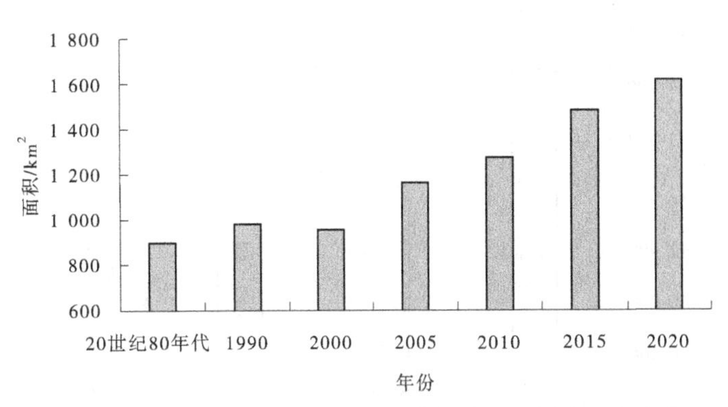

图 6-3　20 世纪 80 年代至 2020 年青藏高原冰川湖面积变化

从 20 世纪 80 年代至 2020 年青藏高原冰川湖的空间分布来看,冰川湖增加主要在青藏高原东南部的冰川分布区,具体为雅江区域、怒江区域和内陆区域,这里也是青藏高原冰川湖集中分布的地方。

6.2　冰川湖演化驱动力因素

冰川湖形成于冰川的形态转变和冰川运动并受气候演化的影响,冰川湖是气候变化的产物,冰川的冻与融直接受气候的冷与暖控制。发布于 2014 年的青藏高原《第二次冰川编目》显示:现存冰川 40 963 条,比 1978—2002 年的第一次编目减少了 156 条,冰川面积也从第一次的调查结果 49 873.44 km² 退缩至第二次的 45 045.2 km²,平均退缩约 15%,据现在的气温变暖趋势,科学家们估计冰川将持续退缩,至 2050 年,全球约 1/4 的冰川将融化。

Ye 等利用 Landsat 数据,解译出 1976 年、2001 年、2013 年 3 个时期的青藏高原冰川空间分布数据,本书基于 2013 年的数据和 2018 年的影像,解译出 2018 年青藏高原冰川分布。

将本次的数据与叶庆华等 1976 年青藏高原冰川格网数据(由 Landsat MSS/TM 提取)和 2001 年青藏高原冰川格网数据(由 Landsat TM/ETM+提取)分别转出为矢量并统计出对应年份冰川面积(见表 6-2、图 6-4)。

表 6-2　不同年份青藏高原冰川面积统计

年份	冰川面积/km²
1976	44 351.04
2001	42 196.23
2013	41 122.8
2018	41 013.36

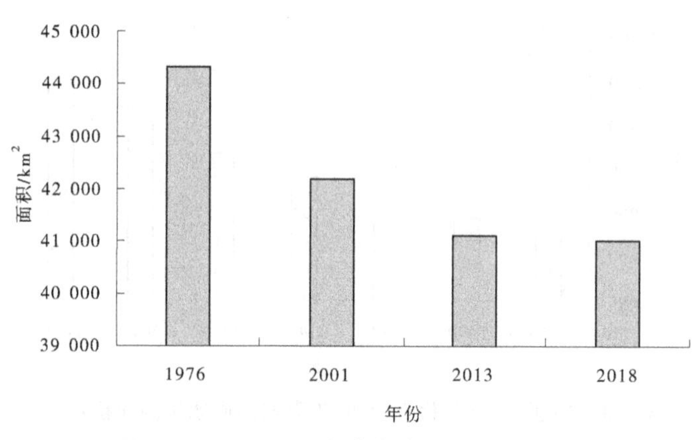

图 6-4　1976—2018 年青藏高原冰川面积变化

冰川变化从时间轴可分 3 个阶段（1976—2001 年、2001—2013 年、2013—2018 年），从空间上可以统计不同流域的退化率。从时间阶段来看，2001—2013 年间相比于 1976—2001 年段冰川退化速率普遍升高，2013—2018 年间变化率降低，其原因可能是虽然温度在持续上升，但是冰川的融化已经达到一定的界限，往后速率就会变得越来越慢。

利用 ArcGIS 水文模型分析地形地貌提取河流水系，据水系和分水岭将青藏高原划分成 7 个流域，并分别统计每个流域冰川退化面积和退化速率，得出表 6-3。由表 6-3 可知，不同流域的冰川退化率大小顺序依次是：内陆流域—雅鲁藏布江流域—怒江流域—长江流域—柴达木流域—澜沧江流域—黄河流域。在不同的流域中，内陆流域和雅鲁藏布江的冰川退化速率最大是因为这两个流域存在的冰川面积基数最大；怒江流域、长江流域及柴达木流域位于中等水平；而澜沧江流域、黄河流域冰川分布少，退化率最小。

表 6-3　青藏高原各个流域冰川退化率统计

年份	退化速率/(km²/a)						
	内陆流域	雅鲁藏布江流域	怒江流域	长江流域	柴达木流域	澜沧江流域	黄河流域
1976—2001	-28.35	-23.29	-9.48	-6.81	-6.04	-1.51	-0.62
2001—2013	-20.36	-25.91	-9.76	-7.3	-4.58	-2.4	-0.77
2013—2018	-6.73	-6.95	-2.71	-1.99	-1.47	-0.56	-0.20

表 6-3 显示内陆流域、雅鲁藏布江流域和怒江流域的冰川退化速率较大。尤其是在 1976—2001 年间，所有流域的冰川面积退化严重。内陆流域、雅鲁藏布江流域和怒江流域冰川分布广泛，基数大，所以当温度升高时，冰川大幅度退化。在 2001—2013 年，雅鲁藏布江流域、怒江流域、长江流域和澜沧江流域冰川融化速率相比于 1976—2001 年有所上升。这主要是因为这些区域温度在 2001 年之前年气温距平皆在 0 ℃以下，2001—2011 年年气温距平皆在 0 ℃以上。黄河流域冰川退化速率最小，主要是因为黄河流域冰川分布较少，退化也不显著。相比 1976—2001 年和 2001—2013 年，2013—2018 年冰川退化的速率变慢，这可能是因为冰川雪线因融化已上升到一定的海拔高度，只有温度升得更高才能使冰川快速融化。

6.3　典型区域冰川湖演化分析

念青唐古拉山是青藏高原东南部最大的冰川分布区，主要为山谷冰川（见图 6-5）。念青唐古拉山在常年接受西南印度洋暖流的影响下，呈现出广泛消融的趋势。上官冬辉等、张堂堂等、蒲健辰等在此区域都做了大量的现场工作，取得了关于不同年份冰川变化的成果。念青唐古拉山西段的冰川分布面积大、厚度深，冰川退化后形成的冰川湖也是学者关注的热点。本书提取 20 世纪 80 年代至 2020 年念青唐古拉山西段冰川湖，统计成果见表 6-4、图 6-6。

图 6-5　念青唐古拉山影像示意图

表 6-4　20 世纪 80 年代至 2018 年念青唐古拉山西段冰川湖数据

年份	数量/个	面积/km^2
20 世纪 80 年代	192	6.75
1990	214	7.66
2000	227	7.79
2010	262	8.72
2018	312	9.61
2020	357	12.1

念青唐古拉山西段冰川湖自 20 世纪 80 年代至 2020 年，数量和面积均呈直线增加趋势。1980 年代冰川湖总数为 192 个，2020 年冰川湖数量达 357 个，对应时间的面积从 6.75 km^2 增长到 12.1 km^2。相关学者也在此做了扎实的定量化工作，张其兵等发现 2004—2013 年间，北坡雪线高度上升速率为 14 m/a，南坡雪线高度以 4.9 m/a 的速度上

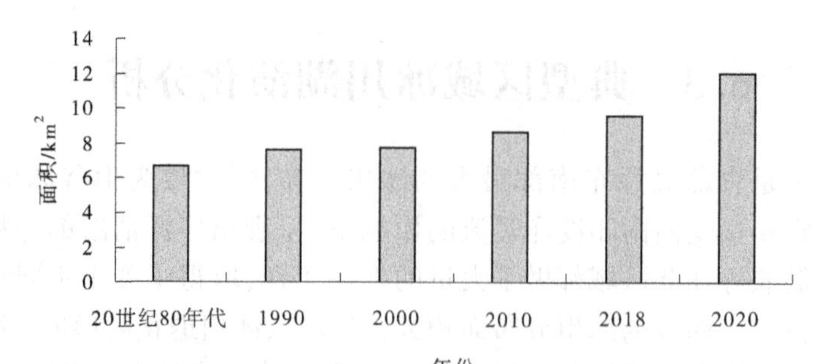

图 6-6　20 世纪 80 年代至 2020 年念青唐古拉山西段冰川湖面积变化

升。上官冬辉等发现此处冰川面积由 1970 年的 917.8 km^2 减少至 2000 年的 865.7 km^2，减少了 52.2 km^2，其中东南坡和西北坡冰川面积分别减少了 35.8 km^2、16.4 km^2。根据当雄站的气温数据，1985 年以来气温快速上升，降水量减少，从而导致冰川退缩（见图 6-7、图 6-8）。

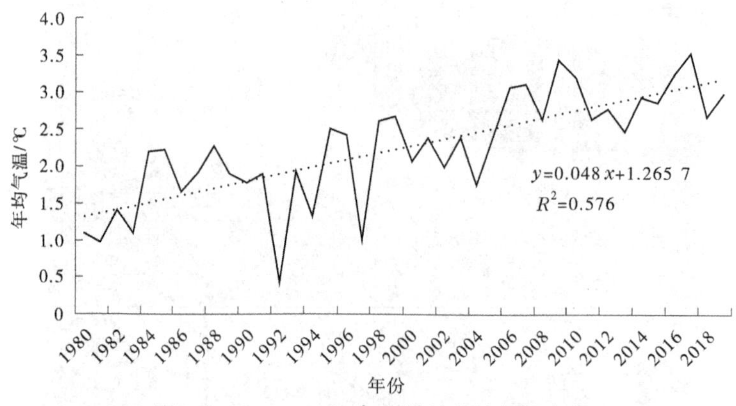

图 6-7　1980—2019 年当雄站年均气温变化

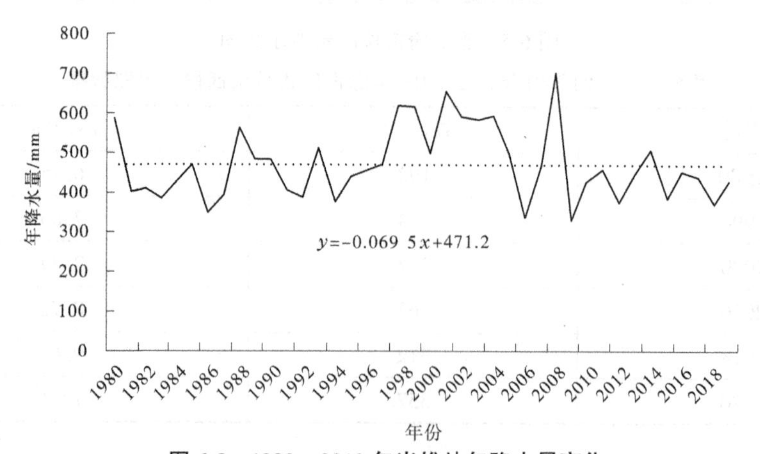

图 6-8　1980—2019 年当雄站年降水量变化

喜马拉雅山中段波曲流域位于定日县西部（见图 6-9），波曲是恒河的主要支流之一。中尼公路国道 318 沿河而建，流域内集中了聂拉木县的绝大部分居民和大量的产业基础设施。此区地势起伏高差较大，河流流经深切形成峡谷。气候上有明显分带性，海拔小于

2 500 m 的为亚热带，年均气温在 10.5 ℃以上；年降水量在 2 600～3 100 mm；海拔以 3 100 m、3 900 m、5 200 m、大于 5 200 m 为界气候存在明显的特征，气温随海拔的升高迅速降低。在海拔大于 5 200 m 区域为常年积雪或冰川覆盖区。此区也为青藏高原冰川分布集中区，主要离公路和居民区较近引起了广泛关注。

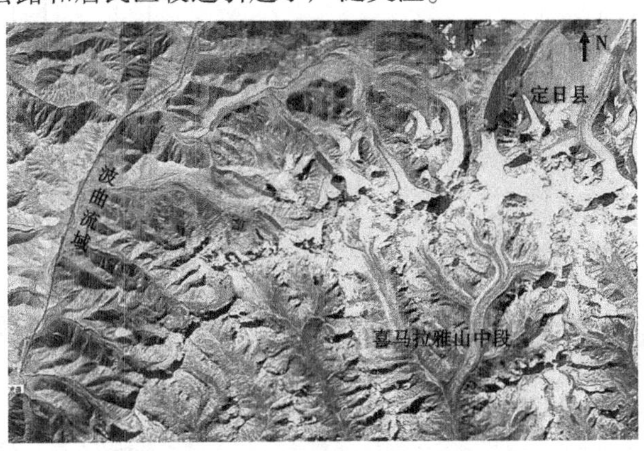

图 6-9　喜马拉雅山中段波曲流域影像

20 世纪 80 年代至 2020 年喜马拉雅山中段波曲流域冰川湖数量和面积呈显著上升趋势。20 世纪 80 年代至 2020 年冰川湖数量翻了近 4 倍，面积扩大了近 3 倍（见表 6-5）。20 世纪 80 年代喜马拉雅山中段冰川湖面积为 10.68 km^2，到 2020 年增长至 31.10 km^2，面积增加了 20.42 km^2，面积年均增长率为 0.51 km^2/a（见图 6-10）。冀琴监测了喜马拉雅山冰川变化，显示 1990—2015 年冰川整体呈退缩趋势，面积自 23 229.27 km^2 退缩至 20 676.17 km^2，减少了 2 553.1 km^2，退缩率达 0.44%/a，并且主要集中在东段、中段和西段。结合气温和降水量数据，得出气温升高和降水量减小是冰川持续萎缩的主要驱动力。蒋亮虹基于 Landsat TM/ETM+、ALOS、SAR 等数据，得出喜马拉雅山中段冰川面积在 20 世纪 70 年代至 2010 年间呈减小趋势，冰川年均退缩率在（0.18%～0.2%）/a。结合附近定日和聂拉木气象站，可知定日站的年均气温变化率可达 0.4 ℃/10 a（见图 6-11），聂拉木的升温速率为 0.266 ℃/10 a（见图 6-12）。定日站的年降水量线性增长率为 9.56 mm/10 a（见图 6-13），聂拉木的年降水量则以 -38.67 mm/10 a 降低（见图 6-14）。温度上升和部分区域的降水量减少导致冰川退缩，冰川融水增多和区域的降水量增大从而引起湖泊数量增加，面积增大。

表 6-5　喜马拉雅中段波曲流域冰川湖数据统计

年份	数量/个	面积/km^2
20 世纪 80 年代	52	10.68
1990	55	13.14
2000	63	15.67
2010	119	20.22
2015	180	27.80
2020	207	31.10

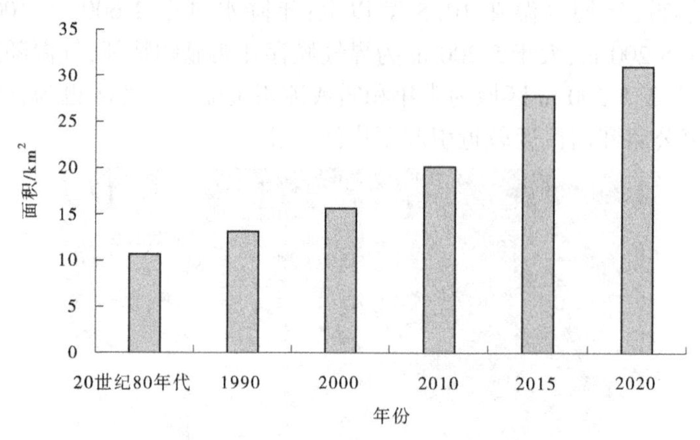

图 6-10　20 世纪 80 年代至 2020 年喜马拉雅中段波曲流域冰川湖面积变化

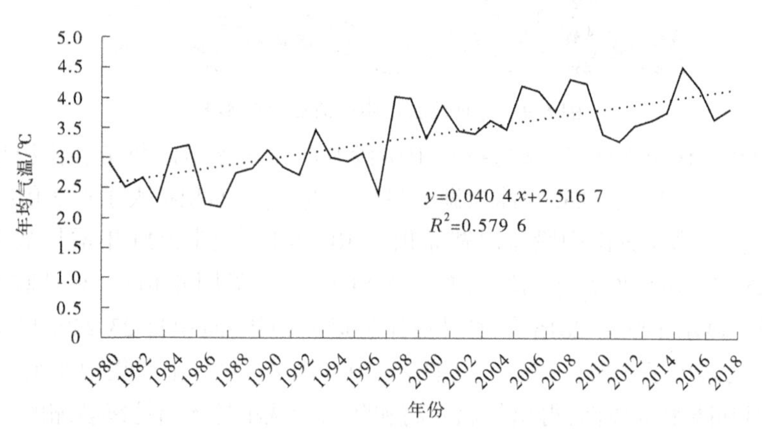

图 6-11　1980—2019 年定日站年均气温变化

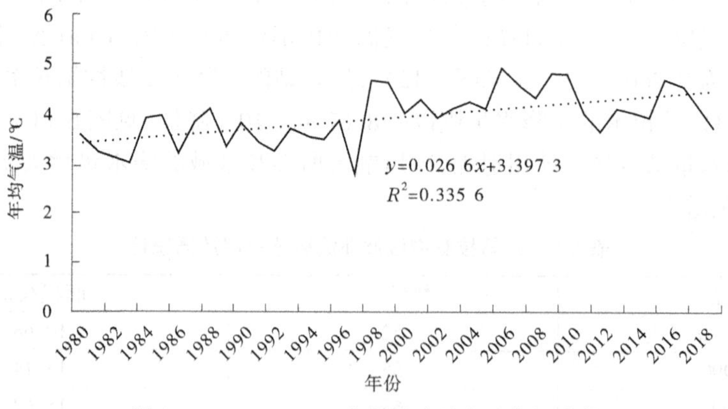

图 6-12　1980—2019 年聂拉木站年均气温变化

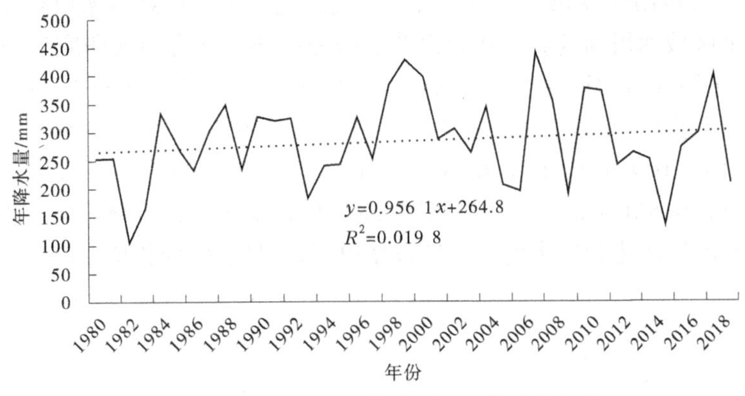

图 6-13　1980—2019 年定日站年降水量变化

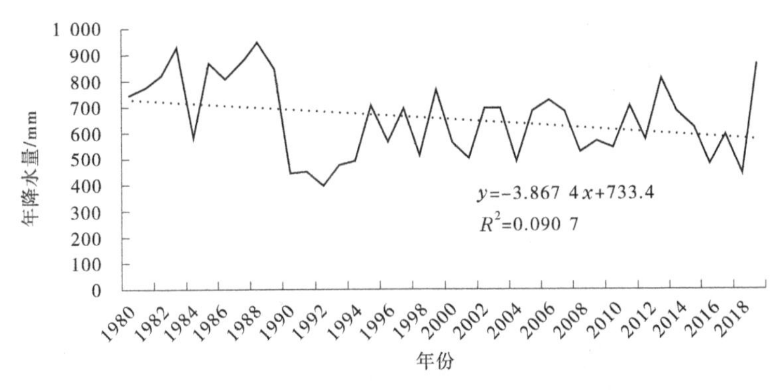

图 6-14　1980—2019 年聂拉木站年降水量变化

6.4　本章小结

本章通过提取冰川分布 10 km 缓冲区以内的冰川湖，得出青藏高原 20 世纪 80 年代至 2020 年冰川湖的分布，并从时间和空间角度分析了冰川湖的演化规律；选取冰川面积变化和气候因素解析了冰川湖演化的驱动力，并重点分析了念青唐古拉山西段和喜马拉雅山中段波曲流域冰川湖演化规律，主要得出以下结论：

(1)20 世纪 80 年代至 2020 年青藏高原冰川湖数量和面积呈增加趋势，数量增加了 12 327 个，面积增加了 720.4 km^2。因 Landsat 影像分辨率和云等因素的影响，解译出 20 世纪 80 年代冰川湖的数量为 8 002 个，可能存在漏分现象。2015 年湖泊数量为 19 375 个，相比于杨成德等解译的青藏高原的 15 684 个，多了 3 691 个，其原因是杨成德解译湖泊面积大于 0.003 6 km^2，2015 年解译最小湖泊面积为 0.000 131 km^2。

(2)冰川湖演化驱动力因素分析了 1976—2018 年冰川面积变化，显示冰川面积由 1976 年的 44 351.04 km^2 减少至 2018 年的 41 013.36 km^2，减少了 3 337.68 km^2。冰川面积退化的最主要原因是青藏高原气温的升高。冰川湖数量增多、面积增大皆为冰川作用的结果。

(3)念青唐古拉山西段和喜马拉雅山中段波曲流域是青藏高原冰川和冰川湖集中分布的区域,两个区域冰川湖的数量和面积都呈增加趋势。结合前人研究资料以及两个区域附近气象的年均气温和年降水量数据,显示两个区域的冰川面积减少,在冰舌附近形成冰川湖,当雄站、定日站和聂拉木站年均气温呈升温趋势,其3个气象站年均气温斜率分别为0.48 ℃/10 a、0.404 ℃/10 a、0.266 ℃/10 a,3个气象站的年降水量变化率分别为-0.695 mm/10 a、9.561 mm/10 a、-38.674 mm/10 a,年均气温的升高是导致冰川快速融化的主要原因,冰川融化和融水增多是导致冰川湖数量增多、面积增大的主要原因。

第 7 章　青藏高原湖泊生态环境效应

生态环境是指人类及生物生存和发展的各种自然资源和适宜性空间，是可制约生态、社会和经济持续发展的复合生态系统。类同于环境效益的概念，生态环境效应是指自然过程或者人类活动对生态环境造成了改变和破坏，从而导致生态系统的结构和功能发生了质的变化。效应有正负之分，生态环境效应与人和生物的生存发展紧密相关，湖泊作为生态环境中重要的组成部分，有着相对独立完善的生态系统。湖泊面积变化可能导致水质变化、湖泊周边淹没或盐碱化，从而导致植被衰退甚至土地沙漠化以及湖泊溃决等灾害。

植被的状态是衡量生态系统质量的重要指标之一，植被指数可定量评估地表植被质和量的状况。目前，植被指数种类繁多，NDVI、绿度植被指数（GVI）、植被净初级生产力（NPP）、RVI 比值植被指数等被广泛应用于生态环境效应的评估。其中，NDVI 在监测植被的长势、覆盖度方面有着绝对的优势。

湖泊生态系统（lake ecosystem, LE）为人类生产生活和生物提供了必要水资源、食物和空间。这些由生态基础和生态作用过程产出的可为人类提供物质、调节、支持、文化功能及维持优良生存空间的功能称为湖泊生态系统服务功能（lake ecosystem services, LES）。LE 的质与量直接关系整个生态系统的稳定型，定量地评价 LE 的各类服务功能为厘清湖泊资源的价值提供数据支撑，为加强对 LE 保护优先的意识提供向导，为坚持可持续发展必要性提供参考。

7.1　青藏高原 NDVI 变化

NDVI 是基于可被植被强烈反射的近红外（NIR）和被植被吸收的红光（Red）之间的数学运算来衡量植被的状态。计算公式为

$$NDVI = \frac{NIR - Red}{NIR + Red} \tag{7-1}$$

本次利用时空分辨率较高、数据齐全、易获取的 MODIS 数据产品，在研究区域长周期植被与水文变化有着广泛应用。本书选取 2000—2019 年生长季 5—8 月的 NDVI 数据，数据源于美国航空局公开的 MODIS，空间分辨率为 500 m，每 16 d 一期影像。数据处理时先利用 ENVI 5.3 将.HDF 转化为.TIFF 格式，再利用 ArcGIS 基于最大值合成法消除大气污染、云、太阳高角度等因素的干扰，然后选用差值法来衡量研究区研究时段内 NDVI 的变化趋势，最后利用线性回归斜率法（Slope）模拟逐个像元的 NDVI 的变化规律，用来分析青藏高原植被在 2000—2019 年的时空演变。其中，当 Slope 为正值时，植被覆盖升高，为负值时，植被覆盖降低。Slope 的绝对值越大，表明植被覆盖变化越显著。其中，最大值合成法、差值法和 Slope 公式为

$$\mathrm{NDVI}_i = \mathrm{Max}(\mathrm{NDVI}_{ij}) \tag{7-2}$$

式中:NDVI_i 表示第 i 年的 NDVI 值,i 取值 1~20;$\mathrm{Max}(\mathrm{NDVI}_{ij})$ 表示第 i 年 j 月的 NDVI 的最大值,j 取值 1~4,分别代表 5—8 月。

$$\mathrm{NDVI}_{i-y} = \mathrm{NDVI}_i - \mathrm{NDVI}_y \tag{7-3}$$

式中:NDVI_i、NDVI_y 含义同式(7-3),NDVI_{i-y} 表示第 i 年与第 j 年的差值。

$$\mathrm{Slope} = \frac{n \times \sum_{i=1}^{n} i \times \mathrm{NDVI}_i - \sum_{i=1}^{n} i \sum_{i=1}^{n} \mathrm{NDVI}_i}{n \times \sum_{i=1}^{n} i^2 - \left(\sum_{i=1}^{n} i\right)^2} \tag{7-4}$$

式中:n 为研究时长,取值 20;NDVI_i 含义同式(7-3)。

2000—2019 年青藏高原 NDVI 差值分类比例及面积见表 7-1,2000—2019 年青藏高原 NDVI 不同斜率比例及面积见表 7-2。

表 7-1　2000—2019 年青藏高原 NDVI 差值分类比例及面积

NDVI 变化趋势	NDVI 差值范围	面积/km²	比例/%
严重退化	[-1.04, -0.4]	22 129.82	0.87
中度退化	(-0.4, -0.17]	146 024.4	5.75
轻度退化	(-0.17, -0.04]	302 441.6	11.90
基本不变	(-0.04, 0.04]	1 115 498	43.90
轻度改善	(0.04, 0.13]	607 713.3	23.91
中度改善	(0.13, 0.31]	256 496.8	10.09
高度改善	(0.31, ∞)	91 012.19	3.58

表 7-2　2000—2019 年青藏高原 NDVI 不同斜率比例及面积

NDVI 变化趋势	Slope 范围	面积/km²	比例/%
严重退化	[-0.047, -0.01]	26 937.95	1.06
中度退化	(-0.01, 0]	152 479	6.00
基本不变	(0, 0.001]	1 803 064	70.95
中度改善	(0.001, 0.007]	470 651.8	18.52
高度改善	(0.007, 0.031]	88 183.67	3.47

由前文可知,青藏高原 NDVI 呈现整体上升的趋势。NDVI 差值计算得出轻度改善、中度改善和高度改善的面积之和大于严重退化、中度退化和轻度退化面积之和,基本不变区和改善区占 81.48%,退化区仅占 18.52%。Slope 计算得出中度改善和高度改善的面积之和大于严重退化和中度退化面积之和,退化区占 7.06%,改善区占 92.94%。在构造湖附近 NDVI 差值绝大部分都是正值,也就意味着构造湖附近的植被改善了。尤其是青海湖附近,差值为正值且大于 0.31,为高度改善区。大些的区域像可可西里区域和整个青海省区域,NDVI 差值大部分都为正值,说明此区域的构造湖面积扩大有益于植被的改

善。本书研究结果与徐浩然利用 MODIS 13Q1 数据研究青海省 2002—2013 年植被覆盖变化结果高度一致，得出 2002—2013 年青海省植被覆盖指数呈上升趋势，且主要集中在东北部地区，由于西北地区为荒漠区，植被覆盖度较低，处于基本稳定状态。作者还分析了青海省气温、降水量和地震对植被的影响，得出气温上升和降水量增大都有利于植被变好，但重大地震可能会使 NDVI 骤减。赵芳利用 MODIS 数据分析 2000—2011 年三江源草地的植被指数变化，发现三江源区植被指数在研究时间段内呈上升趋势，归结原因是研究区的水热条件变得有利于草等植被生长，再加上近年来三江源自然保护区工程的实施，合理放牧及加强对植被恢复措施的管理，都对植被变好起到至关重要的作用。

7.2　青藏高原湖泊生态系统服务功能价值

青藏高原的湖泊按社会效益来看，有提供水资源的淡水湖和提供矿化资源的盐湖，且这里盐湖规模大，蕴藏资源丰富。湖泊在带动当地经济发展的同时，还对保护动植物多样性、调节水循环和防止生态失衡发挥着重大的生态作用和生态系统价值。为此，本书参考谢高地和 Constaza 等的研究思路，根据青藏高原湖泊生态系统的类别及功能服务特点进行了评估方法的修改，对青藏高原湖泊生态系统服务价值（lake ecosystem services value，LESV）进行定量的经济评估。

湖泊生态服务功能评价向来是本研究领域中的热点和难点，目前还未形成较成熟的体系及方法。目前，相关学者主要从物理量和价值量两个层面来定量计算生态系统服务功能价值，提出了针对不同土地利用生态系统服务功能价值评价方法，极大地推进了定量评价生态系统功能价值的发展。目前，研究较多的是绿地、湿地和地表水体等生态系统的服务功能，针对湖泊和长期研究的较少，且主要为单个大型湖泊，像太湖、鄱阳湖、青海湖等。

在数据条件的限制下，本书选择了青藏高原的主要类型湖泊进行分析讨论，具体包括构造湖、热喀斯特湖和冰川湖。在研究生态系统服务的两种方法中，选择基于单位面积价值的当量因子估算方法，将价值量转换至单位面积的 LE 上。再根据土地利用类型包括水域在内的 6 个一级分类，其中水域又包括河流与湖泊、冰川与雪地等二级分类，进行 LESV 的计算。基于谢高地等提出的当量因子法，单位面积的价值等于单位面积稻谷、小麦和玉米粮食产量的净利润。单位农田生态系统的粮食产量价值的计算公式为

$$I = R_1 \times P_1 + R_2 \times P_2 + R_3 \times P_3 \tag{7-5}$$

式中：I 为一个标准当量因子的生态系统服务价值量，元/hm^2；R_1、R_2、R_3 分别为 2015 年全国小麦、玉米和稻谷各占 3 种经济作物总面积的比例（%）；P_1、P_2、P_3 分别为 2015 年小麦、玉米和稻谷的单位面积净利润，元/hm^2。

根据 2015 国家农业数据和式（7-5）得到 I 值为 3 406.5 元/hm^2。

根据前人研究成果，LES 包括供给、调节、支持和文化服务等 4 大类。本书选取食物生产、原料生产等 11 小类。根据第 4~6 章中分析的青藏高原的构造湖、热喀斯特湖和冰川湖，由于这 3 种类型的湖泊占的数目和面积比较多，本次认为单位面积湖泊生态系统服务价值当量和单位面积水域生态系统服务价值当量相等，再经专家打分法将单位面积湖泊生态系统服务价值当量按不同湖泊类型贡献分配，结果见表 7-3、表 7-4。

表 7-3　青藏高原单位面积湖泊生态系统服务价值当量

生态系统分类		供给服务			调节服务				支持服务			文化服务
一级分类	二级分类	食物生产	原料生产	水资源供给	气体调节	气候调节	净化环境	水文调节	土壤保持	维持养分循环	生物多样性	美学景观
湖泊	构造湖	0.5	0.2	4	0.4	1	4	70	0.6	0.05	1.54	1.5
	热喀斯特湖	0.3	0.03	2.13	0.19	0.75	1.39	25.11	0.33	0.02	1	0.3
	冰川湖	0	0	2.16	0.18	0.54	0.16	7.13	0	0	0.01	0.09
	总计	0.8	0.23	8.29	0.77	0.29	5.55	102.24	0.93	0.07	2.55	1.89

表 7-4　不同湖泊类型单位面积生态系统服务价值

单位：元/hm^2

生态系统分类		供给服务			调节服务				支持服务			文化服务
一级分类	二级分类	食物生产	原料生产	水资源供给	气体调节	气候调节	净化环境	水文调节	土壤保持	维持养分循环	生物多样性	美学景观
湖泊	构造湖	1 703.25	681.3	13 626	1 362.6	3 406.5	13 626	238 455	2 043.9	170.325	5 246.01	5 109.75
	热喀斯特湖	1 021.95	102.195	7 255.845	647.235	2 554.875	4 735.035	85 537.215	1 124.145	68.13	3 406.5	1 021.95
	冰川湖	0	0	7 358.04	613.17	1 839.51	545.04	24 288.345	0	0	34.065	306.585
	总计	2 725.2	783.52	28 239.9	2 622.98	7 800.9	18 906.08	348 280.57	3 168.07	238.43	8 686.58	6 438.3

本书采用谢高地等的公式为

$$V_e = \sum_{k=1}^{11} \mathrm{UV}_{ek} \tag{7-6}$$

$$\mathrm{LESV}_t = \sum_{e=1}^{n} A_e \times \mathrm{LV}_e \tag{7-7}$$

式中：V_e 为第 e 种湖泊类型总服务价值；UV_{ek} 为单位面积生态系统服务价值；LESV_t 为研究区第 t 年的湖泊生态系统服务价值，元；A_e 为研究区域第 e 种湖泊的面积，hm；LV_e 为第 e 种湖泊的单位面积的生态服务价值，元/(hm^2 · a)。

根据式(7-7)计算得到青藏高原湖泊各项生态系统服务价值(见表 7-5)。在 11 种生态系统服务功能中，湖泊的水文调节功能占值最大；其次是水资源供给；最少的是维持养分循环；水体维持养分循环的功能性较低。将每年湖泊面积和单位面积的生态系统服务价值作乘，得出 1990—2020 年 LESV，表 7-6 显示，1990—2020 年 LESV 呈上升趋势，这也表明湖泊总面积的扩大会带来更多的生态系统服务价值。湖泊水量增多为水生生物提供更大空间的同时支持了其与陆生生物之间的信息交流，引发众多鱼类的繁衍生息，驱使了漫滩区植物的种子萌发，可提供更多的能量保障水-陆生物发育和繁殖，从而使生物多样性得以提升。

表 7-5　湖泊生态系统服务功能价值及价值变化　　单位：10^8 元/hm^2

项目	生态系统服务价值 LESV				价值变化			
	1990 年	2000 年	2010 年	2020 年	1990—2000 年	2000—2010 年	2010—2020 年	1990—2020 年
构造湖	131.7	139.5	156.42	173.39	7.8	17.22	16.97	41.69
热喀斯特湖	2.72	3.49	6.38	5.84	0.77	2.89	-0.54	3.12
冰川湖	3.06	3.35	3.96	5.06	0.29	0.61	1.1	2
总计	137.48	146.34	166.76	184.29	8.86	20.72	17.53	46.81

表 7-6　1990—2020 年 LESV 变化　　单位：10^8 元/hm^2

系统服务功能	1990 年	2000 年	2010 年	2020 年
食物生产	66.66	70.81	80.12	88.45
食物原料	26.42	28.01	31.48	34.85
水资源供给	539.21	572.75	647.83	716.92
气体调节	53.75	57.07	64.49	71.38
气候调节	135.39	143.94	163.34	180.50
净化环境	531.06	563.47	635.19	702.49

续表 7-6

系统服务功能	1990 年	2000 年	2010 年	2020 年
水文调节	9 308. 93	9 878. 02	11 137. 91	12 320. 07
土壤保持	79. 92	84. 86	95. 96	105. 96
维持养分循环	6. 64	7. 05	7. 95	8. 79
生物多样性	205. 56	218. 39	247. 31	272. 91
美学景观	198. 64	210. 63	236. 90	262. 29
总计	11 152. 18	11 835. 00	13 348. 48	14 764. 61

7.3 冰川湖灾害效应

20 世纪 60 年代以来,全球气温升高进入加速区,地表平均温度升高了 0.4~0.6 ℃,约是过去 133 年(1880—2012 年)年气温总增幅的 2/3。由全球气候变化、极端天气造成的冰川萎缩是难以解决的国际性问题,冰川退化形成的冰川湖溃坝,产生泥石流和滑坡等一系列灾害问题不容忽视。1939 年,地质学家 Thörarinsson 最早将上述现象称为 Jökulhlaup,翻译成冰川阻塞湖溃决洪水。后施雅风和姚治君等将溃决的冰川湖分为冰川型、冰斗型、冰碛型和冰蚀槽谷型阻塞湖 4 大类,并将 4 种类型的湖造成的溃决总称为冰湖溃决洪水(glacial lake outburst flood, GLOF)。GLOF 因地形、地貌的不同,可能会形成泥石流或滑坡。随着气温的升高,GLOF 也逐渐成为高山冰川区频繁发生的自然灾害之一。中国冰川资源多,且冰川资源主要分布在中国西部,其中青藏高原及其周边的冰川资源占了绝大部分。邬光剑等统计青藏高原冰川发育区的冰川型灾害有冰川崩塌、冰川波动、GLOF、冰川泥流/泥石流、冰雪洪水等类型。其中,GLOF 是最典型且常见的灾害,它兼有其他灾害类型特点,又具有自身的特异性,破坏力超强、灾害影响范围大,一旦发生还可能引发次生灾害甚至冰川灾害链,严重威胁了人类的生命财产安全和道路交通、通信的正常使用,加重和延长灾害的危害性。

由张国庆统计的面积大于 0.2 km^2 的冰川湖,主要分布在吉隆县、聂拉木县和定日县,这 3 个县全在西藏自治区,根据观测数据可知,西藏自治区近 50 年以来,气温升高 1.0~1.5 ℃/a,这就给 GLOF 的发生提供了一定的气候条件,再结合资料记载的 GLOF 事件,自 1930 年以来就有 27 起发生在西藏高原,且冰川湖溃决的风险不断加大,造成的人员伤亡和财产损失不容乐观,应引起政府及国内外研究者的关注。庄树裕发现 GLOF 灾害的形成机制受地理位置、降水强度、>0 ℃年积温、地形地貌、海拔高程等因素的综合作用。

专家学者通过对 GLOF 事件的研究发现,多数是因为气温逐步升高,促发了冰川的退缩,增加了冰川融水流量,在湖盆形状不变的前提下湖面水位上涨,当超过湖盆所能容纳水的体积时,即发生溃决。1960 年以来,青藏高原升温的同时伴随着极端气候事件的频繁发生。区域的环境异常现象在受年均气温、降水量等变化影响下,还备受极端气候事件的控制。本书经过收集相关记录西藏冰川湖溃决的资料文献,整理出的成果见表 7-7。表 7-7 中统计的财产损失包括冲毁的道路、农田、森林草原植被等。

表 7-7　1960 年以来西藏冰川湖溃决统计(修编于贾洋)

冰川湖溃决	溃决时间	面积/km^2	水量/$10^6\ m^3$	财产损失
次仁玛错(聂拉木)	1964 年 9 月	0.35	18.9	
隆达错(吉隆)	1964 年 8 月 25 日	0.49	10.8	公路 5~7 km
吉莱错(定结)	1964 年 9 月 21 日	0.43	23.4	
达门拉咳错(工布江达)	1964 年 9 月 26 日	0.1	3.7	
阿亚错(定日)	1968 年 8 月 15 日	0.32	90	1 座钢筋混凝土桥
阿亚错(定日)	1969 年 8 月 17 日			
阿亚错(定日)	1970 年 8 月 18 日			
班戈错(索县)	1972 年 7 月 23 日	0.9		小桥 1 座
波戈冰川湖(丁青)	1974 年 7 月 6 日	0.7		木桥 1 座,公路 5~8 km
次仁玛错(聂拉木)	1981 年 7 月 11 日	0.64		1 000 万元
扎日错(洛扎)	1981 年 6 月 24 日	0.2		
金错(定结)	1982 年 8 月	0.55	12.8	8 个村庄,1 600 头牲畜
次仁玛错(聂拉木)	1983 年 8 月			
光谢错(波密)	1988 年 7 月 15 日	0.24	5.4	公路 2~3 km
班戈错(索县)	1991 年 6 月 21 日			
夏噶湖(乃东)	1995 年 5 月 26 日	0.14	81	50 万元
扎那泊(吉隆)	1995 年 6 月 7 日	0.05		公路 28 km
龙纠错(康马)	2000 年 8 月 6 日	0.78		
得噶错(洛扎)	2002 年 9 月 18 日	0.13		
嘉龙错(聂拉木)	2002 年 6 月 29 日	0.61	23.6	
浪错(错那)	2007 年 8 月 10 日	0.06		1 座边防站,1 座钢桥
折麦错(错那)	2009 年 7 月 3 日	0.03		3 km 公路,3 个涵洞

续表 7-7

冰川湖溃决	溃决时间	面积/km^2	水量/10^6 m^3	财产损失
错噶湖(边坝)	2009 年 7 月 29 日	0.29		公路 27 km
给曲冰湖(定结)	2010 年 7 月 28 日	0.05		涵管桥梁 1 座
然则日阿错(嘉黎)	2013 年 7 月 5 日	0.58	10.84	2.7 亿元
无名湖(边坝)	2015 年 7 月 3 日			

西藏自治区 GLOF 事件形成原因统计见表 7-8。由表 7-8 可以看出,由管涌、冰崩、冰滑坡等综合因素导致的滑坡占的最多,由融水增多导致的 GLOF 位居第二。在这几种溃决原因中,冰崩、冰滑坡是由于冰川所在位置较陡,当悬挂的冰川或山顶的冰川融化到一定程度时会开裂,在重力作用下产生移动,滑入冰川湖使湖泊水位提高、湖水溢出,促发 GLOF 事件。雪崩的机制类似冰崩,是冰川湖周边的积雪落入湖中。由表 7-8 可以看出,雪崩发生的频率极低,而且主要在喜马拉雅山区。冰雪融水是因气候变暖,积雪或冰川严重消退融化,使湖面水位上升,导致水面逾越冰碛坝。冰碛坝渗透变形是因为冰碛坝体覆盖层组成主要为碎屑沉积物,以漂卵砾块石为主,冰漂块石集中分布,当湖水水位升高时,冰水向下游倾泄,坝体内形成潜蚀,坝体稳定性降低,从而诱发渗透变形。

表 7-8　西藏自治区 GLOF 事件形成原因统计

溃决原因	个数/个
冰滑坡	4
冰崩	4
融水增多	6
雪崩	1
冰碛堤渗透变形	1
管涌、冰崩、冰滑坡等综合因素	9

然则日阿错冰川湖形成的原因是冰川融水汇聚于冰碛坝内,在没溃决之前,湖泊朝着其补给冰川方向不断扩张(见图 7-1)。由表 7-9 可知,然则日阿错湖泊面积于 1970—2001 年面积逐渐增加,2001 年达到 0.45 km^2;至 2013 年 9 月 28 日仅剩 0.26 km^2,可知湖泊已经产生溃决。距离湖泊较近的嘉黎气象站的年均气温和降水量显示,嘉黎站 1990—2010 年期间降水波动较大,1998 年后降水增加显著,到 2003 年达到最大值 318.2 mm。转折点在 2005 年以后,降水量呈减少趋势(见图 7-2~图 7-4)。1961—2012 年的年均气温可以分两个阶段。1980—1983 年气温呈降低趋势,1984—2012 年气温呈显著增加趋势,尤其是 2000 年以后,气温增幅最大。从降水量和气温两个气候因素分析来看,降水量为冰川的溃决提供物质条件,气温的先降后升使冰川先积累后骤然消融,促使冰川湖溃决。

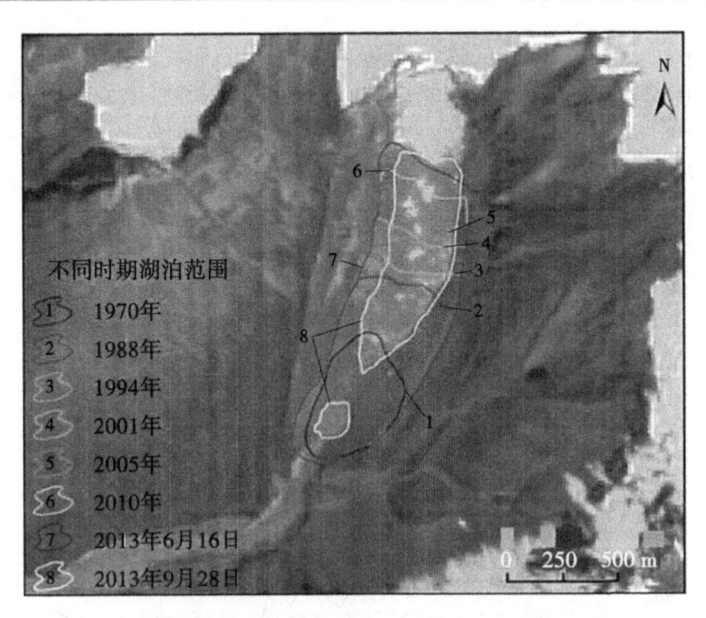

图 7-1　不同时期然则日阿错冰川湖面积

表 7-9　不同时期然则日阿错冰川湖面积统计

时间	面积/km²
1970 年	0. 16
1988 年	0. 35
2001 年	0. 45
2013 年 6 月	0. 42
2013 年 9 月	0. 26

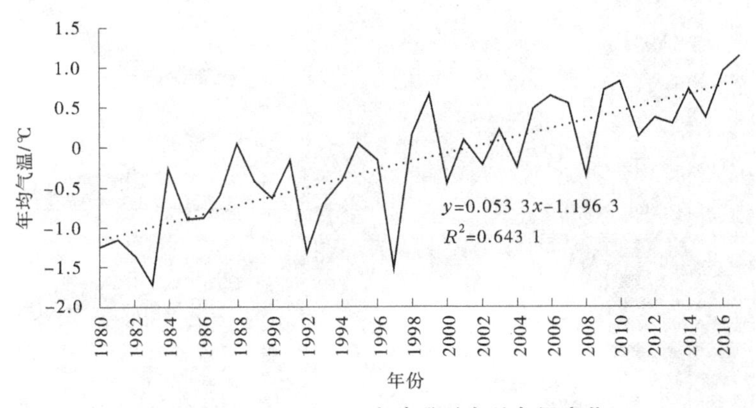

图 7-2　1980—2017 年嘉黎站年均气温变化

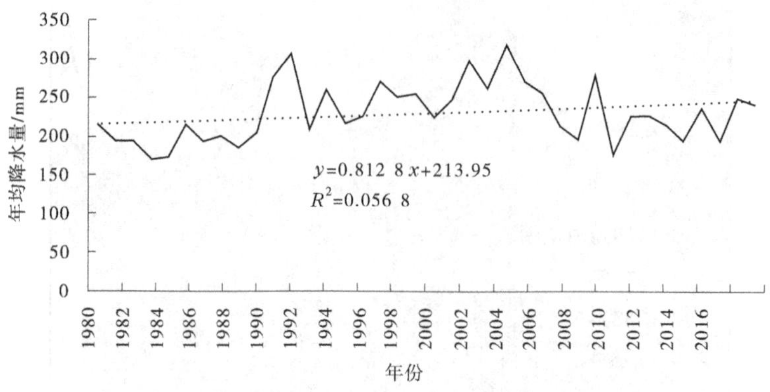

图 7-3　1980—2017 年嘉黎站年均降水量变化

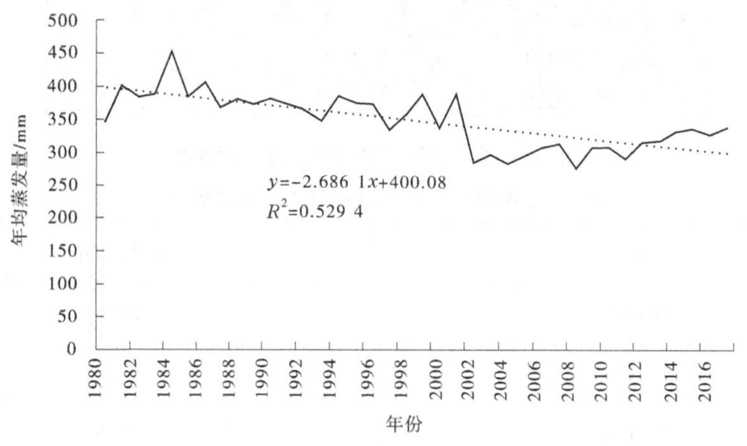

图 7-4　1980—2017 年嘉黎站年均蒸发量变化

次仁玛错位于西藏聂拉木县，距离 318 国道的以东 6 km 处(见图 7-5)。1981 年的“7 · 11”溃湖事件，洪水流量最大值高达 $1.6\times10^4\ m^3$，还冲裂了中尼友谊大桥、318 国道、建筑物和泥泊尔水电站等，损失严重。

图 7-5　次仁玛错冰川湖影像湖

根据遥感影像和其他学者实地调查发现,目前青藏高原还有200多个冰川湖存在极高的溃湖的概率,可能会威胁到当地居民和周边的生态环境。根据刘淑珍2003年对洛扎县存在的283个冰川湖溃坝危险度的评价可知,高危险度的湖泊有69个,这些湖泊面积较大,一般面积大于0.2 km^2,且湖泊一般与冰川的底部前缘相接,这些湖泊多数是冰碛湖,由于大多数冰碛垄形成于现代,基本为松散沉积,所以导致这些冰川湖的稳定性较差,在气候因素的影响下,极易因湖水陡增产生溃坝。被判定为中等危险的湖泊有81个,低等危险的湖泊有133个,并且湖泊的面积、水量还在增加之中,未来的发展趋势不容忽视。

GLOF若未造成生命或财产的威胁或损失即为一种自然地质现象,当造成生命或财产或环境的破坏即为灾害。GLOF的发生主要由于特殊的高原环境:冰舌形态、冰湖水位、坝体结构稳定性、所处的地形地貌和高原气候的相互影响。由冰崩或者冰滑坡等溃决原因造成的湖泊水位上升,坝体结构强度降低,冰舌形态及厚度等环境发生变化,即会发生溃决。贾洋等统计的极端气候对GLOF的重要影响,可为高山冰川区冰湖溃决灾害的定量研究防灾预警提供理论支持。

7.4　本章小结

生态环境效应是指自然过程或者人类活动对生态环境造成了改变和破坏,从而导致生态系统的结构和功能发生质的变化的过程。生态环境效应的定量评价主要包括生态环境因子指数和生态系统服务功能价值的计算。本书选取能够代表植被茂衰及植被覆盖度的NDVI指数及LESV定量化评价青藏高原湖泊生态环境效应。主要得出以下结论:

(1)基于MODIS数据利用最大值合成法合成2000—2019年青藏高原NDVI值。采取差值法计算2000—2019年NDVI变化率,发现青藏高原仅有18.52%面积的植被属于退化状况,81.48%处于基本不变和改善。其中,轻度改善、中度改善和高度改善面积占比分别为23.91%、10.09%和3.58%。

(2)利用Slope指数计算NDVI变化率,得出青藏高原植被退化面积约179 416.95 km^2,占比为7.06%;基本不变的面积为1 803 064 km^2,占比为70.95%;改善植被区面积为88 183.67 km^2,占比为3.47%。

(3)LESV参照的服务功能价值,按照不同湖泊类型分别计算湖泊的功能价值,显示随着湖泊面的扩张,LESV在1990—2020年处于逐年增长的趋势,其中水文调节、水资源供给和环境净化方面贡献较大。湖泊面积增大也有利于生物多样性的维持和提高,湖泊水量增加在水资源供给、环境改善等方面都将体现极大的作用。

(4)冰川湖作为青藏高原湖泊类型的一种,其带来生态系统服务功能价值的同时,还存在一定的致灾环境效应。冰川湖溃决主要是因为冰川融水增多或冰川断裂坠入冰川湖,导致湖泊湖水上涨溢出湖盆,从而造成生命财产损失及环境破坏。冰川湖若分布在人类工程活动附近,则会存在一定的风险。

第 8 章　结论与展望

8.1　主要结论

本书选用时间长、易获取、分辨率较高、数据覆盖广的 Landsat TM/ETM+/OLI 系列影像,将影像数据预处理后,经对比分析水体指数法中的 MNDWI、NDVI 和监督分类法的最大似然法、支持向量机法、神经网络法和最小距离法等水体自动提取方法,最终甄选 MNDWI 水体指数法进行青藏高原水体提取,后期经目视解译修正获得青藏高原湖泊数据,并根据湖泊的成因将青藏高原 20 世纪 80 年代至 2020 年各个时期的湖泊进行分类,后选择数量较多的构造湖、热喀斯特湖和冰川湖进行演化规律研究,并综合分析了湖泊演化的生态环境效应,得出以下结论:

(1)利用 MNDWI 水体指数自动解译和目视解译相结合的方法对青藏高原的湖泊进行了提取,最小湖泊面积为 0.000 131 km^2,填补了先前相关学者更多关注面积大于 0.1 km^2 和大于 1 km^2 湖泊提取的空白,为更准确掌握青藏高原湖泊本底提供基础数据。青藏高原 20 世纪 80 年代至 1990 年湖泊面积减少,由 20 世纪 80 年代的 41 347.84 km^2 减少至 1990 年的 40 441.4 km^2,1990—2020 年湖泊面积持续增加至 2020 年的 54 634.44 km^2。

(2)依据湖泊的成因将青藏高原湖泊划分成构造湖、热喀斯特湖、冰川湖、堰塞湖、河成湖和人工湖,再结合湖泊的地理位置特点,构造湖分类依据主要为湖泊与构造的关系,冰川湖主要为距离冰川分布 10 km 缓冲区以内的湖泊,热喀斯特湖为多年冻土区去除面积大于 1 km^2、与河流无直接水力联系的湖泊,厘清了 20 世纪 80 年代至 2020 年青藏高原不同成因类型湖泊的演化规律。

(3)将解译出的湖泊分别与青藏高原海拔高度、坡度、构造、土壤类型和植被类型叠加后进行空间相关性分析,统计得出:13.45%的湖泊分布在海拔小于 4 000 m 的地方,55.1%的湖泊分布在海拔 4 000~5 000 m 的地方,22.61%的湖泊分布在海拔 5 000~6 000 m 的地方,即 91.16%的湖泊分布在海拔小于 6 000 m 的地方。基于坡度统计,52.34%的湖泊分布在坡度小于 3°的范围内,63.61%的湖泊分布在坡度小于 10°的范围内,10.25%的湖泊分布在坡度 10°~20°范围内。湖泊与植被类型和土壤类型分布关系显示,湖泊主要分布在草原和高山漠土类型中。

(4)20 世纪 80 年代至 2020 年青藏高原构造湖呈现整体扩张的趋势,数量由 1 089 个增加至 1 451 个,湖泊面积由 39 512.24 km^2 增加至 50 900.37 km^2,空间上主要变化发生在青藏高原腹地的内陆流域。通过构造湖的演化驱动力分析,得出青藏高原气温整体呈上升趋势,在内陆流域地区线性升温速率可达 0.26 ℃/10 a,并且年降水量增加区域也主要集中在青藏高原腹地,正好和构造湖扩张的区域吻合。

(5)随着青藏高原气候变暖,多年冻土区退化,由 2010 年模拟结果约 127.98×10^4 km^2 减少至 2017 年的约 105.06×10^4 km^2,面积减少了 22.92×10^4 km^2。热喀斯特湖数量由 20 世纪 80 年代的 60 834 个增加至 2020 年的 120 374 个;湖泊面积由 20 世纪 80 年代的 932.5 km^2 增长至 2020 年的 1 713.57 km^2。湖泊空间变化主要在青海省西南部区域、西藏西北部区域,这些区域多年冻土发育且稳定性低。结合这些区域的降水量和年均气温变化可知,多年冻土区升温幅度较大和年降水量增量较大的区域也恰集中在这些区域。选用湖泊点密度、冻土稳定性类型、年均降水量、地表温度、土壤水分、积雪面积、NDVI、坡度等评价指标,综合相关学者的研究成果,选用专家打分法算出指标因子的权重,利用综合评判模型算出青藏高原多年冻土区热喀斯特湖易发程度分区。经计算,高易发区、中易发区、低易发区和不易发区面积分别为 19.98 km^2、26.96 km^2、33.87 km^2、24.25 km^2,占比分别为 19.02%、25.66%、32.24%、23.08%,其中高易发区主要分布在可可西里地区、北麓河区域、那曲北部。计算获得的易发程度分区为后期青藏高原多年冻土区的生态保护和工程建设提供理论参考。

(6)结合前人以冰川分布 10 km 缓冲区和目视判断可知,20 世纪 80 年代至 2020 年冰川湖呈显著增加趋势,湖泊数量由 8 002 个增加至 20 329 个,面积由 900.1 km^2 增加至 1 620.5 km^2。冰川湖增加得益于温度上升导致的冰川融水增加。针对念青唐古拉山西段和喜马拉雅山中段波曲流域冰川湖的演化规律,分析了两区域的降水量和温度变化趋势,得出念青唐古拉山附近的当雄气象站和喜马拉雅山附近的定日气象站和聂拉木气象站气温均升高,降水量仅定日站降水量增加,另外两个均下降。温度升高、降水量增加都有利于湖泊面积的增长。

(7)生态环境效益的定量计算包括植被指数和生态系统服务功能价值的计算。本书植被指数选择了 NDVI,并将湖泊看作一个独立的生态系统,计算湖泊生态系统服务功能价值。结果显示,青藏高原 NDVI 呈增加趋势,尤其是在面积较大的构造湖周边,水热条件的适宜性使 NDVI 增高。湖泊生态系统服务价值随湖泊面积的增加也呈增加趋势,说明青藏高原整体生态环境正向好的方向转变。

(8)冰川湖作为冰冻环境的组成部分之一,在指示气候变化中也扮演者着重要的角色。在全球气候变暖的背景下,冰川湖的扩张增加了冰川湖溃决的风险。冰川湖冰碛坝形成时间短、稳定性低,突发洪水和冰川湖溃坝的频繁发生给下游地区的居民和基础设施造成了极大的危害。据本书统计,自 1961 年来,共发生了 26 次的冰川湖灾害,损失严重,并且还有一定数量的冰川湖目前还处于高危险状态,应引起政府、相关学者和附近居民的高度重视。

8.2　研究不足与展望

本书对青藏高原湖泊演化和生态环境效应进行了研究,针对构造湖、热喀斯特湖和冰川湖的演化规律及驱动力因素进行详细的研究,得出一些有意义的结论,但是湖泊演化过程及生态环境效应问题是一个极为庞杂的多圈层、多因素的综合体系问题,虽然青藏高原地广人稀,但人类的生活和生产活动以及很多其他因子如蒸发量等对湖泊和生态环境的影响不能忽视。再者，本书选取的 Landsat 系列影像，空间分辨率不同，再加上时间和较厚云层的影响，利用 MNDWI 水体指数法会产生湖泊误分和漏分的现象，导致本书结合目视解译得到的湖泊数量及湖泊面积也可能存在一定程度的误差。在以后的工作中还需继续加强和完善以下几方面的研究：

（1）分流域进行系统详细地研究湖泊演化与各气象因素的关系。因为青藏高原面积太大，以流域为单位的气候因素可能误差较小，有利于更精确地分析降水量、气温、蒸发量、日照时数、风速、径流与湖泊演化的定量关系。

（2）多年冻土广布青藏高原，随着气候变暖，多年冻土退化形成的热喀斯特湖会给穿越其中的青藏铁路、青藏公路带来较大的安全隐患，引起道路路基翻浆和路基破损，影响列车运行安全，应对多年冻土区的线性工程进行详细调查，加强观测。

（3）全球气候变暖，多年冻土融化将促进储存在冻土中的大量有机碳以二氧化碳、甲烷的形式迅速、广泛地从热喀斯特湖中释放出来，进而会对气候变暖产生强烈的正反馈。因此，系统地研究热喀斯特湖释放温室气体的机制以及排放量预测，对准确推测未来区域气候甚至全球气候变化具有科学支撑作用。

（4）对于频繁发生的冰川湖溃坝，在今后应以遥感为主、实地调查为辅，评估冰川湖致灾的危险性和风险性。对离居民区和交通道路近的冰川湖应设置监测设备，以免造成巨大伤亡和财产损失及生态环境破坏。

附　表

附表 1　青海省 35 个气象站信息统计

站名	编号	N/(°)	E/(°)	DEM/m
冷湖	52602	38.75	93.33	2 770.0
托勒	52633	38.80	98.42	3 367.0
野牛沟	52645	38.42	99.58	3 320.0
茫崖	51886	38.25	90.85	2 944.8
祁连	52657	38.18	100.25	2 787.4
小灶火	52707	36.80	93.68	2 767.0
大柴旦	52713	37.85	95.37	3 173.2
德令哈	52737	37.37	97.37	2 981.5
刚察	52754	37.33	100.13	3 301.5
门源	52765	37.38	101.62	2 850.0
格尔木	52818	36.42	94.90	2 807.6
诺木洪	52825	36.43	96.42	2 790.4
乌兰	52833	36.92	98.48	2 950.0
都兰	52836	36.30	98.10	3 191.1
茶卡	52842	36.78	99.08	3 087.6
共和	52856	36.27	100.62	2 835.0
西宁	52866	36.72	101.75	2 295.2
贵德	52868	36.03	101.43	2 237.1
民和	52876	36.32	102.85	1 813.9
五道梁	52908	35.22	93.08	4 612.2
兴海	52943	35.58	99.98	3 323.2
贵南	52955	35.58	100.75	3 120.0
同仁	52974	35.52	102.02	2 491.4
托托河	56004	34.22	92.43	4 533.1
杂多	56018	32.90	95.30	4 066.4
曲麻莱	56021	34.13	95.78	4 175.0

续附表 1

站名	编号	N/(°)	E/(°)	DEM/m
玛沁	56043	34. 28	100. 15	3 719. 0
河南	56065	34. 44	101. 36	1 353. 0
玉树	56029	33. 02	97. 02	3 681. 2
玛多	56033	34. 92	98. 22	4 272. 3
清水河	56034	33. 80	97. 13	4 415. 4
达日	56046	33. 75	99. 65	3 967. 5
久治	56067	33. 43	101. 48	3 628. 5
囊谦	56125	32. 20	96. 48	3 643. 7
班玛	56151	32. 93	100. 75	3 530. 0

附表 2　四川省 29 个气象站信息统计

站名	编号	N/(°)	E/(°)	DEM/m
石渠	56038	32. 98	98. 10	4 200. 0
德格	56144	31. 80	98. 58	3 184. 0
甘孜	56146	31. 62	100. 00	3 393. 5
巴塘	56247	30. 00	99. 10	2 589. 2
色达	56152	32. 28	100. 33	3 893. 9
道孚	56167	30. 98	101. 12	2 957. 2
若尔盖	56079	33. 35	102. 58	3 439. 6
马尔康	56172	31. 54	102. 14	2 664. 4
红原	56173	32. 48	102. 33	3 491. 6
小金	56178	31. 00	102. 21	2 369. 2
松潘	56182	32. 39	103. 34	2 850. 7
温江	56187	30. 42	103. 50	539. 3
都江堰	56188	31. 00	103. 40	698. 5
绵阳	56196	31. 27	104. 44	522. 7
理塘	56257	30. 00	100. 16	3 948. 9
雅安	56287	29. 59	103. 00	627. 6
稻城	56357	29. 03	100. 18	13 727. 7
康定	56374	30. 03	101. 58	2 615. 7
峨眉山	56385	29. 31	103. 20	13 047. 4

续附表 2

站名	编号	N/(°)	E/(°)	DEM/m
乐山	56386	29.34	103.45	424.2
木里	56459	27.56	101.16	2 426.5
九龙	56462	29.00	101.30	2 925.0
越西	56475	28.39	102.31	1 659.5
昭觉	56479	28.00	102.51	2 132.4
盐源	56565	27.26	101.31	12 545.0
西昌	56571	27.54	102.16	1 590.9
攀枝花	56666	26.35	101.43	1 190.1
会理	56671	26.39	102.15	1 787.3
新龙	56251	30.93	100.32	3 000.0

附表 3　云南省 7 个气象站信息统计

站名	编号	N/(°)	E/(°)	DEM/m
德钦	56444	28.48	98.92	3 319.0
贡山	56533	27.75	98.67	1 583.3
维西	56548	27.17	99.28	2 326.1
六库	56643	25.87	98.85	910.0
丽江	56651	26.87	100.22	2 392.4
华坪	56664	26.63	101.27	1 244.8
香格里拉	56543	27.50	99.42	3 276.7

附表 4　西藏自治区 29 个气象站信息统计

站名	编号	N/(°)	E/(°)	DEM/m
狮泉河	55228	32.50	80.08	4 278.6
改则	55248	32.15	84.42	4 414.9
班噶	55279	31.38	90.02	4 700.0
安多	55294	32.35	91.10	4 800.0
那曲	55299	31.48	92.07	4 507.0
普兰	55437	30.28	81.25	3 900.0
申扎	55472	30.95	88.63	4 672.0
当雄	55493	30.48	91.10	4 200.0

续附表 4

站名	编号	N/(°)	E/(°)	DEM/m
拉孜	55569	29.08	87.60	4 000.0
日喀则	55578	29.25	88.88	3 836.0
尼木	55585	29.43	90.17	3 809.4
拉萨	55591	29.67	91.13	3 648.9
聂拉木	55655	28.18	85.97	3 810.0
定日	55664	28.63	87.08	4 300.0
江孜	55680	28.92	89.60	4 040.0
浪卡子	55681	28.97	90.40	4 432.4
错那	55690	27.98	91.95	4 280.3
隆子	55696	28.42	92.47	3 860.0
帕里	55773	27.73	89.08	4 302.0
索县	56106	31.88	93.78	4 022.8
丁青	56116	31.42	95.60	3 873.1
昌都	56137	31.15	97.17	3 306.0
嘉黎	56202	30.67	93.28	4 488.8
洛隆	56223	30.75	95.83	3 640.0
波密	56227	29.87	95.77	2 736.0
林芝	56312	29.67	94.33	2 991.8
泽当	55598	29.15	91.46	3 551.7
左贡	56331	29.67	97.83	3 780.0
察隅	56434	28.65	97.47	2 327.6

附表 5　甘肃省 20 个气象站信息统计

站名	编号	N/(°)	E/(°)	DEM/m
敦煌	52418	40.09	94.41	1 139.0
瓜州	52424	40.32	95.46	1 170.9
玉门镇	52436	40.16	97.02	1 526.0
鼎新	52446	40.18	99.31	1 177.4
金塔	52447	40.00	98.54	1 270.5
酒泉	52533	39.46	98.29	1 477.2
高台	52546	39.22	99.50	1 332.2

续附表 5

站名	编号	N/(°)	E/(°)	DEM/m
张掖	52652	38.56	100.26	1 482.7
山丹	52661	38.48	101.05	1 764.6
永昌	52674	38.14	101.58	1 976.9
武威	52679	37.55	102.40	1 531.5
乌鞘岭	52787	37.12	102.52	3 045.1
皋兰	52884	36.21	103.56	1 668.5
榆中	52983	35.52	104.09	1 874.4
临夏	52984	35.35	103.11	1 917.2
林洮	52986	35.21	103.51	1 893.8
玛曲	56074	34.00	102.05	3 471.4
合作	56080	35.00	102.54	2 910.0
岷县	56093	34.26	104.01	2 315.0
武都	56096	33.24	104.55	1 079.1

附表 6　新疆维吾尔自治区 14 个气象站信息统计

站名	编号	N/(°)	E/(°)	DEM/m
乌恰	51705	39.72	75.25	2 175.7
喀什	51709	39.47	75.98	1 289.4
塔中	51747	39.00	83.67	1 099.3
若羌	51777	39.03	88.17	887.7
塔什库尔干	51804	37.77	75.23	3 090.1
莎车	51811	38.43	77.27	1 231.2
皮山	51818	37.62	78.28	1 375.4
和田	51828	37.13	79.93	1 375.0
民丰	51839	37.07	82.72	1 409.5
且末	51855	38.15	85.55	1 247.2
于田	51931	36.85	81.65	1 422.0
吐尔尕特	51701	40.31	75.24	3 504.4
阿图什	51704	39.43	76.10	1 298.7
麦盖提	51810	38.55	77.38	1 177.6

参考文献

[1] Immerzeel W W, Beek L P H V, Bierkens M F P. Climate Change Will Affect the Asian Water Towers[J]. Science, 2010,328(5984): 1382-1385.

[2] Qiu J. The Third Pole[J]. Nature, 2008,454(7203): 393-396.

[3] Barnett T P, Adam J C, Lettenmaier D P. Potential Impacts of a Warming Climate on Water Availability in Snow-dominated Regions[J]. Nature, 2005,438(7066): 303-309.

[4] 姚檀栋, 邬光剑, 徐柏青,等. "亚洲水塔"变化与影响[J]. 中国科学院院刊, 2019,11(34): 1203-1209.

[5] Pritchard H D. Asia's glaciers are a regionally important buffer against drought[J]. Nature, 2017,545(7653): 169.

[6] 陈隆勋, 汪品先,周秀骥,等. 青藏高原隆起及海陆分布变化对亚洲大陆气候的影响[J]. 第四纪研究, 1999(4): 314-329.

[7] 李吉均,方小敏. 青藏高原隆起与环境变化研究[J]. 科学通报, 1998,43(15): 1569-1574.

[8] Wu Q, Hou Y, Yun H, et al. Changes in Active-layer Thickness and Near-surface Permafrost between 2002 and 2012 in Alpine Ecosystems, Qinghai-Xizang (Tibet) Plateau, China[J]. Global & Planetary Change, 2015(124): 149-155.

[9] 郑度. 青藏高原对中国西部自然环境地域分异的效应[J]. 第四纪研究, 2001,21(6): 484-489.

[10] Tong K, Su F, Xu B. Quantifying the Contribution of Glacier Meltwater in the Expansion of the Largest Lake in Tibet[J]. Journal of Geophysical Research Atmospheres, 2016, 121(19):11158-11173.

[11] Jupp D L B, Mayo K K, Kuchler D A, et al. Landsat based Interpretation of the Cairns Section of the Great Barrier Reef Marine Park[C]. CSIROC Natural Resources Series, Australia: Division of Water and Land Resources, 1985.

[12] Mcfeeters, S K. The use of the Normalized Difference Water Index (NDWI) in the Delineation of Open Water Features[J]. International Journal of Remote Sensing, 1996,17(7): 1425-1432.

[13] Frazier P S, Page K J. Water Body Detection and Delineation with Landsat TM Data[J]. Photogrammetric Engineering & Remote Sensing, 2000,66(12): 1461-1467.

[14] Kloiber S M, Brezonik P L, Olmanson L G, et al. A procedure for Regional Lake Water Clarity Assessment using Landsat Multispectral Data[J]. Remote Sensing of Environment, 2002, 82(1):34-87.

[15] Ryu J H, Won J S, Min K D. Waterline Extraction from Landsat TM Data in a Tidal Flat: A Case Study in Gomso Bay, Korea[J]. Remote Sensing of Environment, 2002,83(3): 442-456.

[16] Ouma Y O, Tateishi R. A Water Index for Rapid Mapping of Shoreline Changes of five East African Rift Valley Lakes: An Empirical Analysis using Landsat TM and ETM+ Data[J]. International Journal of Remote Sensing, 2006,27(15): 3153-3181.

[17] Olmanson L G, Bauer M, Brezonik L P. A 20-year Landsat Water Clarity Census of Minnesota's 10 000 Lakes[J]. Remote Sensing of Environment, 2008, 112(11): 4086-4097.

[18] Bellens R, Gautama S, Martinez-Fonte L, et al. Improved Classification of VHR Images of Urban Areas using Directional Morphological Profiles[J]. IEEE Transactions on Geoscience & Remote Sensing, 2008,46(10): 2803-2813.

[19] Lu S, Wu B, Yan N, et al. Water Body Mapping Method with HJ-1A/B Satellite Imagery[J]. International Journal of Applied Earth Observations & Geoinformation, 2011,13(3): 428-434.

[20] Verpoorter C, Kutser T, Tranvik L. Automated Mapping of Water Bodies using Landsat Multispectral Data[J]. Limnology & Oceanography Methods, 2015,10(12):1037-1050.

[21] Feyisa G L, Meilby H, Fensholt R, et al. Automated Water Extraction Index: A new Technique for Surface Water Mapping using Landsat Imagery[J]. Remote Sensing of Environment, 2014,140: 23-35.

[22] 牛占. 应用陆地卫星数字图像进行水文地理分类和提取水信息的试验[J]. 水文, 1985,1(3): 3-8.

[23] 盛永伟, 肖乾广. 应用气象卫星识别薄云覆盖下的水体[J]. 环境遥感, 1994, 9(4): 247-255.

[24] 周成虎, 杜云艳, 骆剑承. 基于知识的 AVHRR 影像的水体自动识别方法与模型研究[J]. 自然灾害学报, 1996, 5(3):100-108.

[25] 杜云艳, 周成虎. 水体的遥感信息自动提取方法[J]. 遥感学报, 1998, 2(4): 3-5.

[26] 周成虎, 骆剑承, 杨晓梅. 遥感影像地学理解与分析[M]. 北京:科学出版社, 1999.

[27] 万显荣, 舒宁, 郑建生. 一种基于种子点与连通性分析的快速水体边界提取方法[J]. 国土资源遥感, 2000(4): 44-49.

[28] 赵书河, 冯学智, 都金康. 中巴资源一号卫星水体信息提取方法研究[J]. 南京大学学报(自然科学版), 2003, 39(1):106-112.

[29] 何智勇, 章孝灿, 黄智才, 等. 一种高分辨率遥感影像水体提取技术[J]. 浙江大学学报(理学版), 2004, 31(6):701-707.

[30] 闵文彬. 长江上游 MODIS 影像的水体自动提取方法[J]. 高原气象, 2004, 23(增刊1):141-145.

[31] 徐涵秋. 利用改进的归一化差异水体指数(MNDWI)提取水体信息的研究[J]. 遥感学报, 2005, 9(5):589-595.

[32] 邓劲松, 王珂, 邓艳华, 等. SPOT-5 卫星影像中水体信息自动提取的一种有效方法[J]. 上海交通大学学报(农业科学版), 2005, 23(2): 198-201.

[33] 吴赛. 基于 EOS/MODIS 的水体提取模型及其在洪灾监测中的应用[D]. 武汉:华中科技大学, 2005.

[34] 都金康, 黄永胜,冯学智. SPOT-5 卫星影像的水体提取方法及分类研究[J]. 遥感学报, 2001, 5(3): 214-219.

[35] 郭利川. 基于遥感影像和地形图的水体提取及其半自动化变化检测[D]. 武汉:武汉大学, 2005.

[36] 李小曼, 王刚, 田杰. TM 影像中水体提取方法研究[J]. 西南农业大学学报(自然科学版), 2006, 28(4): 580-582.

[37] 李小曼, 王刚. 基于 ERDAS IMAGING 的 TM 影像中较小水体识别方法[J]. 计算机应用与软件, 2008, 25(4): 215-216.

[38] 余明, 李慧. 基于 SPOT 影像的水体信息提取以及在湿地分类中的应用研究[J]. 遥感信息, 2006(3): 44-47.

[39] 次仁旺姆,欧珠措姆,陈宫燕,等.林芝市大风日数变化特征初探[J].科学技术创新,2020(13):38-39.

[40] 闫霈, 张友静, 张元. 利用增强型水体指数(EWI)和 GIS 去噪音技术提取半干旱地区水系信息的研究[J]. 遥感信息, 2007, 22(6): 62-67.

[41] 曹凯, 江南, 吕恒, 等. 面向对象的 SPOT 5 影像城区水体信息提取研究[J]. 国土资源遥感, 2007(2): 27-30.

[42] 骆剑承, 盛永伟, 沈占锋, 等. 分步迭代的多光谱遥感水体信息高精度自动提取[J]. 遥感学报,

2009,13(4): 610-615.

[43] 朱金峰, 王乃昂, 李卓仑, 等. 巴丹吉林沙漠湖泊季节变化的遥感监测[J]. 湖泊科学, 2011,23(4): 657-664.

[44] 沈占锋, 夏列钢, 李均力, 等. 采用高斯归一化水体指数实现遥感影像河流的精确提取[J]. 中国图象图形学报, 2013,18(4): 421-428.

[45] 夏列钢, 沈占锋, 李均力, 等. 复杂背景下多样水体遥感自动解译[J]. 中国图象图形学报, 2013, 18(11): 1513-1519.

[46] 卢建华. 基于直方图阈值法的遥感图像分割算法研究[D]. 福州:福建农林大学, 2013.

[47] Feyisa G L, Meilby H, Fensholt R, et al. Automated Water Extraction Index: A new technique for surface water mapping using Landsat imagery[J]. Remote Sensing of Environment, 2014,140: 23-35.

[48] Zhang G Q, Li J, Zheng G. Lake-area Mapping in the Tibetan Plateau: an Evaluation of Data and Methods[J]. International Journal of Remote Sensing, 2016,38(3-4): 742-772.

[49] 张伟, 赵理君, 郑柯, 等. 一种改进光谱角匹配的水体信息提取方法[J]. 测绘通报, 2017(10): 34-38.

[50] 戚知晨, 赵琪. 高分一号遥感影像在青藏高原湖泊的提取方法[J]. 测绘与空间地理信息, 2018, 41(2):124-127.

[51] 铁道部第一勘测设计院. 卫星像片在青藏高原水文方面的初步应用[J]. 铁路航测, 1980(1): 10-20.

[52] 陈志明. 青藏高原湖泊退缩及其气候意义[J]. 海洋与湖沼, 1986(3): 207-216.

[53] 刘登忠. 西藏高原湖泊萎缩的遥感图像分析[J]. 国土资源遥感, 1992(4): 1-6.

[54] 陈兆恩, 林秋雁. 青藏高原湖泊涨缩的新构造运动意义[J]. 地震, 1993(1): 31-40.

[55] 李世杰, 李万春, 夏威岚, 等. 青藏高原现代湖泊变化与考察初步报告[J]. 湖泊科学, 1998, 10(4): 95-96.

[56] 施雅风. 山地冰川与湖泊萎缩所指示的亚洲中部气候干暖化趋势与未来展望[J]. 地理学报, 1990, 45(1): 1-13.

[57] 林振耀, 吴祥定. 历史时期(1765—1980年)西藏水旱雪灾规律的探讨[J]. 气象学报, 1986(3): 257-264.

[58] 刘晓东, 韦志刚. 青藏高原地表反射率变化对高原邻近及北半球气候的影响:两组数值试验结果的对比分析[C]//中国青藏高原研究会. 青藏高原与全球变化研讨会论文集. 北京:气象出版社, 1995.

[59] 贾玉连, 施雅风, 王苏民, 等. 40 ka以来青藏高原的4次湖涨期及其形成机制初探[J]. 中国科学(D辑:地球科学), 2001, 31(增刊1): 241-251.

[60] 杨日红, 于学政, 李玉龙. 西藏色林错湖面增长遥感信息动态分析[J]. 国土资源遥感, 2003, 15(2): 64-67.

[61] 孙鸿烈. 青藏高原研究的新进展[J]. 地球科学进展, 1996, 11(6): 18-24.

[62] 姜加虎, 黄群. 青藏高原湖泊分布特征及与全国湖泊比较[J]. 水资源保护, 2004, 20(6): 24-27.

[63] 车涛, 晋锐, 李新, 等. 近20 a来西藏朋曲流域冰湖变化及潜在溃决冰湖分析[J]. 冰川冻土, 2004, 26(4): 397-402.

[64] 鲁安新, 姚檀栋, 王丽红, 等. 青藏高原典型冰川和湖泊变化遥感研究[J]. 冰川冻土, 2005, 27(6): 783-792.

[65] 王景华. 羊卓雍错流域冰川-湖泊时空格局变化及其对气候变化的响应[D]. 济南:山东师范大学, 2006.

[66] 夏清. 基于RS、GIS技术对昂拉仁错湖泊的演化研究[D]. 成都:成都理工大学, 2006.
[67] 鲁萍丽. 青海可可西里地区湖泊变化的遥感研究[D]. 北京:中国地质大学, 2006.
[68] 罗鹏. 基于3S技术的青藏高原典型湖泊演化研究[D]. 西安: 长安大学, 2007.
[69] 孟庆伟. 青藏高原特大型湖泊遥感分析及其环境意义[D]. 北京:中国地质科学院, 2007.
[70] 朱大岗, 孟宪刚, 郑达兴, 等. 青藏高原近25年来河流、湖泊的变迁及其影响因素[J]. 地质通报, 2007, 26(1): 22-30.
[71] 牛沂芳, 李才兴, 习晓环, 等. 卫星遥感检测高原湖泊水面变化及与气候变化分析[J]. 干旱区地理, 2008, 31(2): 284-290.
[72] 万玮, 肖鹏峰, 冯学智, 等. 近30年来青藏高原羌塘地区东南部湖泊变化遥感分析[J]. 湖泊科学, 2010,22(6): 874-881.
[73] 王欣, 刘时银, 姚晓军, 等. 我国喜马拉雅山区冰湖遥感调查与编目[J]. 地理学报, 2010,65(1): 29-36.
[74] 乔程, 骆剑承, 盛永伟, 等. 青藏高原湖泊古今变化的遥感分析:以达则错为例[J]. 湖泊科学, 2010,22(1): 98-102.
[75] 李均力, 盛永伟, 骆剑承, 等. 青藏高原内陆湖泊变化的遥感制图[J]. 湖泊科学, 2011,23(3): 311-320.
[76] 沈华东, 于革. 青藏高原兹格塘错流域50年来湖泊水量对气候变化响应的模拟研究[J]. 地球科学与环境学报, 2011,33(3): 282-287.
[77] Zhang G Q. Water Level Variation of Lake Qinghai from Satellite and in situ Measurements under Climate Change[J]. Journal of Applied Remote Sensing, 2011,5(1): 3532.
[78] 闫立娟, 齐文. 青藏高原湖泊遥感信息提取及湖面动态变化趋势研究[J]. 地球学报, 2012,33(1): 65-74.
[79] 林乃峰. 近35年藏北高原湖泊动态遥感监测与评估[D]. 南京:南京信息工程大学, 2012.
[80] 姜永见, 李世杰, 沈德福, 等. 青藏高原近40年来气候变化特征及湖泊环境响应[J]. 地理科学, 2012,32(12): 1503-1512.
[81] 孟恺, 石许华, 王二七, 等. 青藏高原中部色林错区域古湖滨线地貌特征、空间分布及高原湖泊演化[J]. 地质科学, 2012,47(3): 730-745.
[82] 李治国. 近50 a气候变化背景下青藏高原冰川和湖泊变化[J]. 自然资源学报, 2012,27(8): 1431-1443.
[83] 除多, 普穷, 旺堆, 等. 1974—2009年西藏羊卓雍错湖泊水位变化分析[J]. 山地学报, 2012,30(2): 239-247.
[84] 姚晓军, 刘时银, 李龙, 等. 近40年可可西里地区湖泊时空变化特征[J]. 地理学报, 2013,68(7): 886-896.
[85] 姜丽光, 姚治君, 刘兆飞, 等. 1976—2012年可可西里乌兰乌拉湖面积和边界变化及其原因[J]. 湿地科学, 2014,12(2): 155-162.
[86] 万玮, 肖鹏峰, 冯学智, 等. 卫星遥感监测近30年来青藏高原湖泊变化[J]. 科学通报, 2014,8(8): 701-714.
[87] 闫强, 廖静娟, 沈国状. 近40年乌兰乌拉湖变化的遥感分析与水文模型模拟[J]. 国土资源遥感, 2014,26(1): 152-157.
[88] 董斯扬, 薛娴, 尤全刚, 等. 近40年青藏高原湖泊面积变化遥感分析[J]. 湖泊科学, 2014,26(4): 535-544.
[89] 车向红, 冯敏, 姜浩, 等. 2000—2013年青藏高原湖泊面积MODIS遥感监测分析[J]. 地球信息科学学报, 2015,17(1): 99-107.

[90] 张鑫. 基于多源遥感数据的青藏高原内陆湖泊动态变化研究[D]. 杨凌:西北农林科技大学, 2015.
[91] 方月, 程维明, 张一驰, 等. 青藏高原内陆湖泊过去 40 年变化研究(英文)[J]. Journal of Geographical Sciences, 2016,26(4):415-438.
[92] 刘宝康, 李林, 杜玉娥, 等. 青藏高原可可西里卓乃湖溃堤成因及其影响分析[J]. 冰川冻土, 2016,38(2):305-311.
[93] 梁丁丁. 1975—2010 年青藏高原湖泊面积变化及对气候变化的响应[D]. 北京:中国地质大学, 2016..
[94] 袁媛. 近 40 年青藏高原湖泊变化遥感分析[D]. 青岛:中国石油大学, 2016.
[95] 杨珂含. 基于多源多时相卫星影像的青藏高原湖泊面积动态监测[D]. 北京:中国科学院大学(中国科学院遥感与数字地球研究所), 2017.
[96] Song C, Huang B, Ke L. Modeling and Analysis of Lake Water Storage Changes on the Tibetan Plateau using Multi-mission Satellite Data[J]. Remote Sensing of Environment, 2013,135: 25-35.
[97] 李蒙. 气候变化背景下羌塘高原湖群分布及演变[D]. 北京:中国水利水电科学研究院, 2017.
[98] 曾昔. 全球变暖背景下青藏高原湖泊变化特征及其对气候的响应[D]. 成都:成都信息工程大学, 2018.
[99] 闾利, 张廷斌, 易桂花, 等. 2000 年以来青藏高原湖泊面积变化与气候要素的响应关系[J]. 湖泊科学, 2019,31(2):573-589.
[100] 周柯. 基于 Landsat 影像的青藏高原东北部典型湖泊面积时序变化研究[D]. 北京:中国地质大学, 2019.
[101] 梅泽宇. 气候变化条件下可可西里湖泊群变化特征研究[D]. 武汉:长江科学院, 2019.
[102] 张路, 李炳章, 郭克疾, 等. 西藏唐北地区湖泊动态及空间格局预测[J]. 应用生态学报, 2019, 30(8):2793-2802.
[103] 朱立平, 张国庆, 杨瑞敏, 等. 青藏高原最近 40 年湖泊变化的主要表现与发展趋势[J]. 中国科学院院刊, 2019,34(11):1254-1263.
[104] 朱立平, 鞠建廷, 乔宝晋, 等. “亚洲水塔”的近期湖泊变化及气候响应:进展、问题与展望[J]. 科学通报, 2019,64(27):2796-2806.
[105] 魏乐德. 基于 Landsat 数据的近三十年来青藏高原湖泊动态变化分析:以青海省为例[J]. 青海师范大学学报(自然科学版), 2020,36(3):51-56.
[106] 宫照, 栗敏光. 青藏高原生态屏障区自然生态状况评价方法研究[J]. 测绘与空间地理信息, 2020,43(11):88-92.
[107] 单子豪, 付佳睿. 青藏高原地区生态环境分析及重建策略[J]. 科技资讯, 2019,17(23):75-76.
[108] 王铁军, 赵礼剑, 张溪. 青藏高原生态屏障区生态环境综合评价方法探讨[J]. 测绘通报, 2018(9):112-116.
[109] 姚檀栋, 陈发虎, 崔鹏, 等. 从青藏高原到第三极和泛第三极[J]. 中国科学院院刊, 2017,32(9):924-931.
[110] 张瑞江. 青藏高原冰川演变与生态地质环境响应[J]. 中国地质调查, 2016,3(2):46-50.
[111] 吴青柏, 沈永平, 施斌. 青藏高原冻土及水热过程与寒区生态环境的关系[J]. 冰川冻土, 2003, 25(3):250-255.
[112] 南卓铜, 李述训, 程国栋. 未来 50 年与 100 年青藏高原多年冻土变化情景预测[J]. 中国科学(D 辑:地球科学), 2004, 34(6):528-534.
[113] 汪青春, 李林, 李栋梁, 等. 青海高原多年冻土对气候增暖的响应[J]. 高原气象, 2005, 24(5):

708-713.
[114] 张佩民, 张振德, 李晓琴, 等. 青藏高原荒漠化遥感信息提取及演变分析[J]. 干旱区地理, 2006,29(5): 710-717.
[115] 耿艳. 青藏高原热环境变化及其对生态环境影响的研究[D]. 淮南:安徽理工大学, 2006.
[116] 陈江, 万力, 梁四海, 等. 青藏高原生态环境变化趋势的初步探索[J]. 地球学报, 2007, 28(6): 555-560.
[117] 周晓雷. 青藏高原东北边缘生态环境退化研究[D]. 兰州:兰州大学, 2008.
[118] 张继承. 基于 RS/GIS 的青藏高原生态环境综合评价研究[D]. 长春:吉林大学, 2008.
[119] 邢宇, 姜琦刚, 李文庆, 等. 青藏高原湿地景观空间格局的变化[J]. 生态环境学报, 2009,18(3): 1010-1015.
[120] 温国安. 青海湖流域生态环境恶化与成因探讨[J]. 青海大学学报(自然科学版), 2010,28(5): 23-26.
[121] 张瑞江, 方洪宾, 赵福岳. 青藏高原近 30 年来现代冰川的演化特征[J]. 国土资源遥感, 2010, 22(增刊 1): 49-53.
[122] 张瑞江, 赵福岳, 方洪宾, 等. 青藏高原近 30 年现代雪线遥感调查[J]. 国土资源遥感, 2010, 22(增刊 1): 59-63.
[123] 张瑞江, 方洪宾, 赵福岳, 等. 青藏高原近 30 年来现代冰川面积的遥感调查[J]. 国土资源遥感, 2010, 22(增刊 1): 45-48.
[124] 赵福岳, 张瑞江, 陈华, 等. 青藏高原隆升的生态地质环境响应遥感研究[J]. 国土资源遥感, 2012(3): 116-121.
[125] 陈芳淼, 胡跃高, 赵其波, 等. 青藏高原东缘生态环境脆弱区形成的人为原因及对策探讨[J]. 林业资源管理, 2013(5): 25-30.
[126] 张宪洲, 何永涛, 沈振西, 等. 西藏地区可持续发展面临的主要生态环境问题及对策[J]. 中国科学院院刊, 2015,30(3): 306-312.
[127] 徐友宁, 乔冈, 张江华. 基于生态保护优先的青藏高原矿产资源勘查开发的对策[J]. 地质通报, 2018,37(12): 2125-2130.
[128] 袁烽迪, 张溪, 魏永强. 青藏高原生态屏障区生态环境脆弱性评价研究[J]. 地理空间信息, 2018,16(4): 67-69.
[129] 张扬建, 朱军涛, 何永涛, 等. 科技支撑西藏高原生态环境保护及农牧业可持续发展[J]. 中国科学院院刊, 2018,33(3): 336-341.
[130] 姚檀栋, 邬光剑, 徐柏青, 等. "亚洲水塔"变化与影响[J]. 中国科学院院刊, 2019,34(11): 1203-1209.
[131] 王宁练, 姚檀栋, 徐柏青, 等. 全球变暖背景下青藏高原及周边地区冰川变化的时空格局与趋势及影响[J]. 中国科学院院刊, 2019,34(11): 1220-1232.
[132] 武荣盛, 马耀明. 青藏高原不同地区辐射特征对比分析[J]. 高原气象, 2010,29(2): 251-259.
[133] 李颖俊. 祁连山地区树轮记录的气候变化研究[D]. 兰州:兰州大学, 2011.
[134] 李林,李凤霞,朱西德,等. 三江源地区极端气候事件演变事实及其成因探究[J]. 自然资源学报, 2007,22(4):656-663.
[135] 李敏慧, 陈毅, 吴保生. 青藏高原典型流域河网特性及控制因素[J]. 清华大学学报(自然科学版), 2020,60(11): 951-957.
[136] 姚盼. 青藏高原冰川侵蚀对地形的影响及其控制因素研究[D]. 兰州:兰州大学, 2020.
[137] 王萍, 王慧颖, 胡钢, 等. 雅鲁藏布江流域古堰塞湖群的发育及其地质意义初探[J]. 地学前缘,

2021, 28(2): 35-45.

[138] 陈剑, 崔之久, 陈瑞琛, 等. 金沙江上游特米古滑坡堰塞湖成因与演化[J]. 地学前缘, 2021,28(2): 85-93.

[139] 魏占玺, 马文礼, 肖建兵, 等. 黄河上游松坝峡特大型滑坡堰塞湖及地貌效应研究[J]. 中国地质灾害与防治学报, 2017,28(3): 16-23.

[140] 陈瑞达. 青藏高原北麓河流域热融湖塘提取与时空演变分析[D]. 北京:中国地质大学, 2020.

[141] 高泽永. 青藏高原多年冻土区热融湖塘对土壤水文过程的影响[D]. 兰州:兰州大学, 2015.

[142] 林战举, 牛富俊, 罗京, 等. 青藏工程走廊热融湖湖底热状态[J]. 地球科学(中国地质大学学报), 2015,40(1): 179-188.

[143] 罗京, 牛富俊, 林战举, 等. 青藏工程走廊典型热融灾害现象及其热影响研究[J]. 工程地质学报, 2014,22(2): 326-333.

[144] Gao Z, Niu F, Lin Z. Effects of Permafrost Degradation on Thermokarst Lake Hydrochemistry in the Qinghai-Tibet Plateau, China[J]. Hydrological Processes, 2020,34(26):5659-5673.

[145] 王慧妮, 刘海松, 董晟, 等. 青藏高原热融湖塘动态监测中高分辨率遥感数据处理方法研究[J]. 冰川冻土, 2013,35(1): 164-170.

[146] 罗京, 牛富俊, 林战举, 等. 青藏高原北麓河地区典型热融湖塘周边多年冻土特征研究[J]. 冰川冻土, 2012,34(5): 1110-1117.

[147] 刘蓓蓓, 张威, 崔之久, 等. 青藏高原东北缘玛雅雪山晚第四纪冰川发育的气候和构造耦合[J]. 冰川冻土, 2015,37(3): 701-710.

[148] 祁洁. 青藏高原第四纪冰川作用与气候变化特征的探讨[D]. 北京:中国地质大学, 2015.

[149] 邹宓君,邵长坤,阳坤. 1979—2018年西藏自治区气候与冰川冻土变化及其对可再生能源的潜在影响[J]. 大气科学学报,2020,43(6):980-991.

[150] 曹华东. 联合多源数据研究青藏高原冰川变化[D]. 青岛:山东科技大学, 2018.

[151] 姚檀栋, 姚治君. 青藏高原冰川退缩对河水径流的影响[J]. 自然杂志, 2010,32(1): 4-8.

[152] Li X, Cheng G, Jin H, et al. Cryospheric Change in China[J]. Global and Planetary Change, 2008, 62(3):210-218.

[153] 姚檀栋, 刘时银, 蒲健辰, 等. 高亚洲冰川的近期退缩及其对西北水资源的影响[J]. 中国科学(D辑:地球科学), 2004, 34(6): 535-543.

[154] 王振涛. 青藏高原的地质特征与形成演化[J]. 科技导报, 2017,35(6): 51-58.

[155] 李荫槐. 青藏高原的形成和演化机制[J]. 地质科学, 1984(2): 127-138.

[156] 肖序常. 开拓、创新,再创辉煌:浅议揭解青藏高原之秘[J]. 地质通报, 2006, 4(1): 15-19.

[157] 周浙昆, 杨青松, 夏珂. 栎属高山栎组植物化石推测青藏高原的隆起[J]. 科学通报, 2007, 52(3): 249-257.

[158] Scientists Use Palaeobotanical Evidence to Estimate Early Miocene Elevation in Northern Tibet[J]. Bulletin of the Chinese Academy of Sciences, 2015,29(4): 239-240.

[159] Wang P, Scherler D, Jing L, et al. Tectonic Control of Yarlung Tsangpo Gorge Revealed by a Buried Canyon in Southern Tibet[J]. Science, 2014,346(6212): 978-981.

[160] Kind R, Yuan X, Saul J, et al. Seismic Images of Crust and Upper Mantle Beneath Tibet: Evidence for Eurasian Plate Subduction[J]. Science, 2002,298(5596): 1219-1221.

[161] 崔之久, 高全洲, 刘耕年, 等. 青藏高原夷平面与岩溶时代及其起始高度[J]. 科学通报, 1996, 41(15): 1402-1406.

[162] 董学斌, 王忠民, 谭承泽, 等. 亚东—格尔木地学断面古地磁新数据与青藏高原地体演化模式的

初步研究[J]. 中国地质科学院院报, 1990, 21(2): 139-148.
[163] 孙鸿烈, 郑度, 姚檀栋, 等. 青藏高原国家生态安全屏障保护与建设[J]. 地理学报, 2012,67(1): 3-12.
[164] 韩海辉. 基于SRTM-DEM的青藏高原地貌特征分析[D]. 兰州:兰州大学, 2009.
[165] 张月. 基于遥感的羌塘高原南部地区冰川、湖泊动态变化研究[D]. 重庆:重庆师范大学, 2013.
[166] 常秋芳. 青藏高原风成沉积和那陵格勒河流阶地释光年代学及环境意义[D]. 西宁:中国科学院大学(中国科学院青海盐湖研究所), 2017.
[167] 李小兵, 张钰, 何冰, 等. 利用GIS和RS技术分析青藏高原风火山小流域地形地貌特征[J]. 水资源与水工程学报, 2013,24(1): 159-163.
[168] Yang M, Wang S, Yao T, et al. Desertification and its relationship with permafrost degradation in Qinghai-Xizang (Tibet) plateau[J]. Cold Regions Science & Technology, 2004, 39 (1): 47-53.
[169] 宋卓沁. 青藏高原东缘典型河流地貌及其活动构造指示[D]. 北京:中国地震局地震预测研究所, 2014.
[170] 周尚哲. 青藏高原流水地貌与隆升问题[C]//中国地理学会地貌与第四纪专业委员会. 地貌·环境·发展:2004丹霞山会议文集. 北京:中国环境出版社,2004.
[171] 崔之久, 洪云, 高全洲, 等. 青藏高原东北部古喀斯特过程与环境[J]. 地理学报, 1996, 51(5): 408-417.
[172] 崔之久. 青藏高原的古岩溶[J]. 自然杂志, 1979, 2(9): 24-25.
[173] 马荣华, 杨桂山, 段洪涛, 等. 中国湖泊的数量、面积与空间分布[J]. 中国科学:地球科学, 2011,41(3): 394-401.
[174] 姚檀栋, 陈发虎, 崔鹏, 等. 从青藏高原到第三极和泛第三极[J]. 中国科学院院刊, 2017, 32(9): 12-19.
[175] 中国科学院青藏高原综合科学考察队. 青藏高原地质构造[M]. 北京:科学出版社, 1982.
[176] 许志琴, 杨经绥, 戚学祥, 等. 印度/亚洲碰撞:南北向和东西向拆离构造与现代喜马拉雅造山机制再讨论[J]. 地质通报, 2006, 25(增刊1): 1-14.
[177] 彭小龙, 王道永. 雅鲁藏布江断裂带活动构造特征与活动性分析[J]. 长江大学学报(自科版), 2013,10(26): 41-44.
[178] 刘刚, 李述靖, 赵福岳, 等. 阿尔金—康西瓦剪切-推覆系统和帕米尔推覆构造的遥感解析[J]. 地球学报, 2006, 27(1): 25-29.
[179] 甘卫军,沈正康,张培震,等. 青藏高原地壳水平差异运动的GPS观测研究[J]. 大地测量与地球动力学,2004, 24(1):29-35.
[180] 张培震, 沈正康, 王敏, 等. 青藏高原及周边现今构造变形的运动学[J]. 地震地质, 2004, 26(3): 36-377.
[181] 李小兵, 裴先治, 陈有炘, 等. 东昆仑造山带东段哈图沟—清水泉—沟里韧性剪切带塑性变形及动力学条件研究[J]. 大地构造与成矿学, 2015,39(2): 208-230.
[182] 丁增,杨腾域,黄鹏. 西藏昌都市降水气候及预测分析研究[J]. 西藏科技,2021(9):52-54.
[183] 段博儒, 郭安宁. 青藏高原西北地区与南北地震带地震活动性研究[J]. 地震工程学报, 2020,42(5): 1077-1084.
[184] 马玉虎, 杜娟. 青藏块体强震活动状态分析[J]. 地震地磁观测与研究, 2012,33(1): 7-11.
[185] 王绍令, 李作福, 刘景寿, 等. 青藏高原东部地表水、地下水的氚同位素研究[J]. 环境科学, 1990,11(1): 24-27.
[186] 南卓铜, 黄培培, 赵林. 青藏高原西部区域多年冻土分布模拟及其下限估算[J]. 地理学报,

2013,68(3): 318-327.

[187] 郭凤清,曾辉,丛沛桐. 青藏高原地下水的来源、分类、研究动向及发展趋势[J]. 山西农业大学学报(自然科学版), 2016,36(3): 160-165.

[188] Gardner A S, Moholdt G, Cogley J G, et al. A Reconciled Estimate of Glacier Contributions to Sea Level Rise: 2003 to 2009[J]. Science, 2013,340(6134): 852-857.

[189] Kääb A, Nuth C, Treichler D, et al. Brief Communication: Contending Estimates of Early 21st Century Glacier Mass Balance over the Pamir-Karakoram-Himalaya[J]. Cryosphere Discussions, 2014,8(6): 5857-5874.

[190] 于晟. 我国科学家用 GRACE 卫星重力对青藏及周边地区地下水储量研究取得重要进展[J]. 中国科学基金,2016,30(4):351.

[191] Xiang L, Wang H, Steffen H, et al. Groundwater Storage Changes in the Tibetan Plateau and Adjacent Areas Revealed from GRACE Satellite Gravity Data[J]. Earth & Planetary Science Letters, 2016(449): 228-239.

[192] Guo J, Mu D, Liu X, et al. Water Storage Changes over the Tibetan Plateau Revealed by GRACE Mission[J]. Acta Geophysica, 2016,64(2): 463-476.

[193] Zou F, Tenzer R, Jin S. Water Storage Variations in Tibet from GRACE, ICESat, and Hydrological Data[J]. Remote Sensing, 2019,11(9): 1103.

[194] Cheng G, Jin H. Permafrost and Groundwater on the Qinghai-Tibet Plateau and in Northeast China[J]. Hydrogeology Journal, 2013,21(1): 5-23.

[195] Yao T, Xue Y, Chen D, et al. Recent Third Pole's Rapid Warming Accompanies Cryospheric Melt and Water Cycle Intensification and Interactions between Monsoon and Environment: Multi-disciplinary Approach with Observation, Modeling and Analysis[J]. Bulletin of the American Meteorological Society, 2019, 100(3):423-444.

[196] Zhang L, Su F, Yang D, et al. Discharge Regime and Simulation for the Upstream of Major Rivers over Tibetan Plateau[J]. Journal of Geophysical Research Atmospheres, 2013,118(15): 8500-8518.

[197] 张建云,刘九夫,金君良,等. 青藏高原水资源演变与趋势分析[J]. 中国科学院院刊, 2019,34(11): 1264-1273.

[198] 叶仁政,常娟. 中国冻土地下水研究现状与进展综述[J]. 冰川冻土, 2019,41(1): 183-196.

[199] 王金亭. 青藏高原高山植被的初步研究[J]. 植物生态学与地植物学学报, 1988, 12(2): 3-12.

[200] 益西拉姆,扎多,索朗仓决. 1981—2018 年山南市气温变化特征分析[J]. 高原科学研究,2019,3(1):35-43,52.

[201] 郑远长. 青藏高原东南部山地森林植被:气候关系研究[J]. 地理研究, 1995, 14(4): 104-105.

[202] 李斌. 青藏高原植被时空分布规律及其影响因素研究[D]. 北京:中国地质大学, 2016.

[203] 陈桂琛,彭敏,黄荣福,等. 祁连山地区植被特征及其分布规律[J]. 植物学报, 1994, 36(1): 63-72.

[204] 张新时. 西藏植被的高原地带性[J]. Journal of Integrative Plant Biology, 1978, 20(2): 140-149.

[205] 张镱锂,李兰晖,丁明军,等. 新世纪以来青藏高原绿度变化及动因[J]. 自然杂志, 2017,39(3): 173-178.

[206] 摆万奇,姚丽娜,张镱锂,等. 近 35 a 西藏拉萨河流域耕地时空变化趋势[J]. 自然资源学报, 2014,29(4): 623-632.

[207] 杨志刚,牛晓俊,张伟华,等. 西藏一江两河地区植被变化及其与气候因子的相关性分析[J]. 中国农学通报, 2018,34(7): 141-146.

[208] 曾永年, 陈晓玲, 靳文凭. 近 10 a 青海高原东部土地利用/覆被变化及碳效应[J]. 农业工程学报, 2014,30(16): 275-282.

[209] 税燕萍, 卢慧婷, 王慧芳, 等. 基于土地覆盖和 NDVI 变化的拉萨河流域生境质量评估[J]. 生态学报, 2018,38(24): 8946-8954.

[210] 王春连, 张镱锂, 王兆锋, 等. 拉萨河流域湿地生态系统服务功能价值变化[J]. 资源科学, 2010,32(10): 2038-2044.

[211] 徐瑶, 陈涛. 藏北草地退化与生态服务功能价值损失评估:以申扎县为例[J]. 生态学报, 2016, 36(16): 5078-5087.

[212] 宋瑞玲, 王昊, 张迪, 等. 基于 MODIS-EVI 评估三江源高寒草地的保护成效[J]. 生物多样性, 2018,26(2): 149-157.

[213] 许茜, 李奇, 陈懂懂, 等. 三江源土地利用变化特征及因素分析[J]. 生态环境学报, 2017,26(11): 1836-1843.

[214] 李国庆, 阚瑷珂, 王绪本, 等. 珠穆朗玛峰国家级自然保护区退化湿地分布及影响因素研究[J]. 湿地科学, 2010,8(2): 110-114.

[215] 王毅, 李景吉, 韩子钧, 等. 珠穆朗玛峰自然保护区湖泊动态及对区域气候变化的响应[J]. 冰川冻土, 2018,40(2): 378-387.

[216] 除多, 拉巴卓玛, 拉巴, 等. 珠峰地区积雪变化与气候变化的关系[J]. 高原气象, 2011,30(3): 576-582.

[217] 张镱锂, 刘林山, 王兆锋, 等. 青藏高原土地利用与覆被变化的时空特征[J]. 科学通报, 2019, 64(27): 2865-2875.

[218] 于伯华, 吕昌河. 青藏高原高寒区生态脆弱性评价[J]. 地理研究, 2011,30(12): 2289-2295.

[219] 陈德亮, 徐柏青, 姚檀栋, 等. 青藏高原环境变化科学评估:过去、现在与未来[J]. 科学通报, 2015,60(32): 3025-3035.

[220] 郑度. 青藏高原自然地域系统研究[J]. 中国科学(D 辑:地球科学), 1996, 26(4): 336-341.

[221] 郑度, 赵东升. 青藏高原的自然环境特征[J]. 科技导报, 2017,35(6): 13-22.

[222] 李小文,刘素红. 遥感原理与应用[M]. 北京:科学出版社, 2008.

[223] 王岩. 遥感定量反演的大气校正方法分析研究[D]. 哈尔滨:东北林业大学, 2008.

[224] 罗彩莲, 陈杰, 乐通潮. 基于 FLAASH 模型的 Landsat ETM+卫星影像大气校正[J]. 防护林科技, 2008(5): 46-48.

[225] 丁凤. 基于新型水体指数(NWI)进行水体信息提取的实验研究[J]. 测绘科学, 2009,34(4): 155-157.

[226] 金晓媚, 高萌萌, 柯珂, 等. 巴丹吉林沙漠湖泊遥感信息提取及动态变化趋势[J]. 科技导报, 2014,32(8): 15-21.

[227] Fisher A, Flood N, Danaher T. Comparing Landsat water index methods for automated water classification in eastern Australia[J]. Remote Sensing of Environment, 2016(175): 167-182.

[228] 方刚. 改进型混合水体指数的城市水体信息提取:以宿州市为例[J]. 测绘科学, 2016,41(4): 44-49.

[229] 张超, 彭道黎. 基于遥感的水体信息提取技术研究进展[J]. 河南农业科学, 2013,42(6): 16-20.

[230] 段秋亚, 孟令奎, 樊志伟, 等. GF-1 卫星影像水体信息提取方法的适用性研究[J]. 国土资源遥感, 2015,27(4): 79-84.

[231] 于欢, 张树清, 李晓峰, 等. 基于 TM 影像的典型内陆淡水湿地水体提取研究[J]. 遥感技术与应

用, 2008, 23(3): 310-315.

[232] 杨文亮, 杨敏华, 祁洪霞. 利用 BP 神经网络提取 TM 影像水体[J]. 测绘科学, 2012,37(1): 148-150.

[233] 程晨, 韦玉春, 牛志春. 基于 ETM+图像和决策树的水体信息提取:以鄱阳湖周边区域为例[J]. 遥感信息, 2012,27(6): 49-56.

[234] 李晶晶. 基于 SVM 邻近同化滤波模型的冰冻湖泊水体精确提取研究[D]. 西安:西安科技大学, 2009.

[235] Ahamed S A, Ravi C. Novel deep learning model for bitcoin price prediction by multiplicative LSTM with attention mechanism and technical indicators[J]. International Journal of Engineering Systems Modelling and Simulation, 2022(2):51-62.

[236] Imberger J, Hamblin P F. Dynamics of Lakes, Reservoirs, and Cooling Ponds[J]. Annual Review of Fluid Mechanics, 1982,14(1): 153-187.

[237] 伍光和,田连恕,胡双熙,等. 自然地理学[M].3 版.北京:高等教育出版社, 2000.

[238] 王洪道,窦鸿身,汪宪栢,等. 我国的湖泊[M]. 北京:商务印书馆, 1984.

[239] 施成熙. 中国湖泊概论[M]. 北京:科学出版社,1989.

[240] 中国水利百科全书编辑委员会. 中国水利百科全书[M]. 北京:中国水利水电出版社, 1990.

[241] 邢子强, 黄火键, 袁勇, 等. 湖泊分类体系及综合分区研究与展望[J]. 人民长江, 2019,50(9): 13-19.

[242] 王苏民, 窦鸿身. 中国湖泊志[M]. 北京:科学出版社,1998.

[243] 刘振义. 湖泊盆地成因分类[J]. 高师理科学刊, 1993,13(1): 35-40.

[244] 王红娟, 姜加虎, 李新国. 岱海湖泊岸线形态变化研究[J]. 长江流域资源与环境, 2006, 15(5): 674-677.

[245] 李新国, 江南, 王红娟, 等. 近 30 年来太湖流域湖泊岸线形态动态变化[J]. 湖泊科学, 2005, 17(4): 294-298.

[246] Moses S A, Janaki L, Joseph S, et al. Influence of lake morphology on water quality[J]. Environmental Monitoring & Assessment, 2011,182(1-4): 443-454.

[247] Thierfelder T. The Morphology of Landscape Elements as Predictors of Water Quality in Glacial/Boreal Lakes[J]. Journal of Hydrology, 1998,207(3-4):189-203.

[248] 潘文斌. 湖泊大型水生植物空间格局分形与地统计学研究[D].武汉:中国科学院研究生院(水生生物研究所),2000.

[249] 刘蕾, 臧淑英, 邵田田, 等. 基于遥感与 GIS 的中国湖泊形态分析[J]. 国土资源遥感, 2015,27(3): 92-98.

[250] 潘文斌, 黎道丰, 唐涛, 等. 湖泊岸线分形特征及其生态学意义[J]. 生态学报, 2003, 23(12): 2728-2735.

[251] 王红娟, 姜加虎, 李新国. 岱海湖泊岸线形态变化研究[J]. 长江流域资源与环境, 2006, 15(5): 674-677.

[252] 刘刚, 燕云鹏, 刘建宇. 青藏高原西部湖泊与构造背景关系遥感研究[J]. 国土资源遥感, 2018, 30(2): 154-161.

[253] 杨成, 吴通华, 姚济敏, 等. 青藏高原表层土壤热通量的时空分布特征[J]. 高原气象, 2020,39(4): 706-718.

[254] 王明君, 韩国栋, 崔国文, 等. 放牧强度对草甸草原生产力和多样性的影响[J]. 生态学杂志, 2010,29(5): 862-868.

[255] 赵恒策. 青海省江河源区草地土壤可蚀性关键因子研究[D]. 兰州:兰州大学, 2019.
[256] 吴珍汉, 吴中海, 胡道功, 等. 青藏高原腹地中新世早期古大湖的特征及其构造意义[J]. 地质通报, 2006,25(7): 782-791.
[257] 郑绵平, 郑元, 刘杰. 青藏高原盐湖及地热矿床的新发现[J]. 中国地质科学院院报, 1990(1): 151.
[258] 杜玉娥, 刘宝康, 贺卫国, 等. 1976—2017 年柴达木盆地湖泊面积变化及其成因分析[J]. 冰川冻土, 2018,40(6): 1275-1284.
[259] 卢娜. 柴达木盆地湖泊面积变化及影响因素分析[J]. 干旱区资源与环境, 2014,28(8): 83-87.
[260] 骆成凤, 许长军, 曹银璇, 等. 1974—2016 年青海湖水面面积变化遥感监测[J]. 湖泊科学, 2017,29(5):1245-1253.
[261] 杨萍, 张海峰, 曹生奎. 青海湖水位下降的生态环境效应[J]. 青海师范大学学报(自然科学版), 2013,29(3): 62-64.
[262] 金章东, 张飞, 王红丽, 等. 2005 年以来青海湖水位持续回升的原因分析[J]. 地球环境学报, 2013, 4(3): 1355-1362.
[263] Obu J, Westermann S, Bartsch A, et al. Northern Hemisphere permafrost map based on TTOP modelling for 2000—2016 at 1 km^2 scale[J]. Earth-Science Reviews, 2019(193): 299-316.
[264] 赵林, 胡国杰, 邹德富, 等. 青藏高原多年冻土变化对水文过程的影响[J]. 中国科学院院刊, 2019,34(11): 1233-1246.
[265] Jorgenson M T, Osterkamp T E. Response of Boreal Ecosystems to Varying Modes of Permafrost Degradation[J]. Canadian Journal of Forest Research, 2005,35(9): 2100-2111.
[266] 陈瑞达. 青藏高原北麓河流域热融湖塘提取与时空演变分析[D]. 北京:中国地质大学, 2020.
[267] 王慧妮. 基于遥感的青藏高原热融湖塘时空演化监测与趋势分析[D]. 西安:长安大学, 2013.
[268] Kuang X, Jiao J. Review on Climate Change on the Tibetan Plateau during the last half Century[J]. Journal of Geophysical Research Atmospheres, 2016,121(8):3979-4007.
[269] 吴青柏, 牛富俊. 青藏高原多年冻土变化与工程稳定性[J]. 科学通报, 2013,58(2): 115-130.
[270] 杨倩, 陈权亮, 陈朝平, 等. 全球变暖背景下青藏高原中东部地区温度变化特征[J]. 成都信息工程大学学报, 2020,35(3): 352-358.
[271] 赤曲. 近 57 a 雅鲁藏布江中游河谷夏季气候暖干化趋势及其可能的原因[D]. 南京:南京信息工程大学, 2020.
[272] 王小佳. 柴达木盆地及周边近 60 年气温变化的水文响应[D]. 西安:长安大学, 2019.
[273] 张明礼, 温智, 薛珂, 等. 降水对北麓河地区多年冻土活动层水热影响分析[J]. 干旱区资源与环境, 2016,30(4): 159-164.
[274] 杨姗妮. 东南沿海地区地质灾害易发性评价方法研究[D]. 北京:北京交通大学, 2016.
[275] 李旺平,赵林,吴晓东,等. 青藏高原多年冻土区土壤-景观模型与土壤分布制图[J]. 科学通报, 2015,60(23):2216-2228.
[276] 雷阳,王红宾,鲁同所,等. 拉萨市近 49 年气温变化特征研究[J]. 地球与环境,2021,49(5):492-503.
[277] 鲁嘉濠, 程花, 牛富俊, 等. 青藏铁路沿线热喀斯特湖易发程度的区划评价[J]. 灾害学, 2012, 27(4): 60-64.
[278] 吴小丽, 刘桂民, 李新星, 等. 青藏高原多年冻土和季节性冻土区土壤水分变化及其与降水的关系[J]. 水文, 2021,41(1): 73-78.
[279] 李德生, 温智, 张明礼, 等. 降水对多年冻土活动层水热影响定量分析[J]. 干旱区资源与环境,

2017,31(7)：108-113.

[280] 刘建康，周路旭. 国内外冰碛湖溃决研究进展[J]. 探矿工程(岩土钻掘工程)，2018,45(8)：44-50.

[281] Zhang G Q, Yao T, Xie H, et al. An Inventory of Glacial Lakes in the Third Pole Region and their Changes in Response to Global Warming[J]. Global and Planetary Change, 2015(131):148-157.

[282] Allen S K, Zhang G, Wang W, et al. Potentially Dangerous Glacial Lakes across the Tibetan Plateau revealed using a Large-scale Automated Assessment Approach[J]. Science Bulletin, 2019,64(7)：435-445.

[283] 杨成德，王欣，魏俊锋，等. 2015年中国西部冰湖编目数据集[J]. 中国科学数据(中英文网络版)，2018,3(4)：36-44.

[284] 冯雨晴. 青藏高原冰川冻土变化及其生态与水文效应研究[D]. 北京:中国地质大学，2020.

[285] Ye Q, Cheng W, Zhao Y, et al. A Review on the Research of Glacier Changes on the Tibetan Plateau by Remote Sensing Technologies[J]. Journal of Geo-Information Science, 2016, 18(7):920-930.

[286] 叶庆华，姚檀栋，郑红星，等. 西藏玛旁雍错流域冰川与湖泊变化及其对气候变化的响应[J]. 地理研究，2008, 27(5)：1178-1190.

[287] 叶庆华，程维明，赵永利，等. 青藏高原冰川变化遥感监测研究综述[J]. 地球信息科学学报，2016,18(7)：920-930.

[288] 魏莹，段克勤. 1980—2016年青藏高原变暖时空特征及其可能影响原因[J]. 高原气象，2020,39(3)：459-466.

[289] 蒲健辰，姚檀栋，田立德. 念青唐古拉山羊八井附近古仁河口冰川的变化[J]. 冰川冻土，2006,28(6)：861-864.

[290] 张堂堂，任贾文，康世昌. 近期气候变暖念青唐古拉山拉弄冰川处于退缩状态[J]. 冰川冻土，2004, 26(6)：736-739.

[291] 上官冬辉，刘时银，丁良福，等. 1970—2000年念青唐古拉山脉西段冰川变化[J]. 冰川冻土，2008, 30(2)：204-210.

[292] 张其兵，康世昌，张国帅. 念青唐古拉山脉西段雪线高度变化遥感观测[J]. 地理科学，2016,36(12)：1937-1944.

[293] 冀琴. 1990—2015年喜马拉雅山冰川变化及其对气候波动的响应[D]. 兰州:兰州大学，2018.

[294] 蒋亮虹. 基于多源遥感数据的喜马拉雅中段冰川变化监测与分析[D]. 湘潭:湖南科技大学，2015.

[295] 谢高地，张彩霞，张昌顺，等. 中国生态系统服务的价值[J]. 资源科学，2015,37(9)：1740-1746.

[296] 谢高地，张彩霞，张雷明，等. 基于单位面积价值当量因子的生态系统服务价值化方法改进[J]. 自然资源学报，2015,30(8)：1243-1254.

[297] 徐浩然. 基于MODIS影像的青海省植被覆盖变化分析[D]. 昆明:昆明理工大学，2016.

[298] 赵芳. 三江源区草地MODIS植被指数时空变异及驱动因子分析[D]. 西宁:青海大学，2012.

[299] Costanza R, Darge R, DE Groot R, et al. The Value of the World's Ecosystem Services and Natural Capital[J]. Nature：International weekly journal of science, 1997,387(6630):253-260.

[300] 张振明，刘俊国. 生态系统服务价值研究进展[J]. 环境科学学报，2011,31(9)：1835-1842.

[301] 贾洋，崔鹏. 西藏冰湖溃决灾害事件极端气候特征[J]. 气候变化研究进展，2020,16(4)：395-404.

[302] 施雅风，谢自楚. 中国现代冰川的基本特征[J]. 地理学报，1964,31(3)：183-213.

[303] 邬光剑，姚檀栋，王伟财，等. 青藏高原及周边地区的冰川灾害[J]. 中国科学院院刊，2019,34(11)：1285-1292.

[304] 孙美平，刘时银，姚晓军，等. 2013年西藏嘉黎县“7·5”冰湖溃决洪水成因及潜在危害[J]. 冰川冻土，2014,36(1)：158-165.

[305] 姚治君，段瑞，董晓辉，等. 青藏高原冰湖研究进展及趋势[J]. 地理科学进展，2010,1(1)：10-14.

[306] 庄树裕. 西藏喜马拉雅山地区冰湖溃决非线性预测研究[D]. 长春:吉林大学，2010.

[307] 刘淑珍，李辉霞，鄢燕，等. 西藏自治区洛扎县冰湖溃决危险度评价[J]. 山地学报，2003(增刊1)：128-132.